张良仁 ——

著

吃的中国史

GUANGXI NORMAL UNIVERSITY PRESS

广西师范大学出版社

·桂林·

自序

我从事考古研究，也探寻城市各个角落的美食，挖掘美食背后的考古和历史故事。

看似普通的食物、食材乃至食器背后，其实都蕴藏着不少我国先民开发食物、战胜饥荒和探索文明的故事。

有一次，我们去拍摄牛肉面。在吃面的时候，"职业病"使然，想起了喇家遗址那碗世界上最早的面条，也就是学术界赞誉的"中华第一面"。

2002 年 11 月，我们的同行在喇家遗址东区发现了一个橘红色的陶碗。翻开碗盖，容器里居然藏着一种面条状的遗物。它色泽依然新鲜，仿佛是昨天做好留下的。后来经过科技分析，我们发现它就是用小米粉做的面条。小米粉与面粉不同，黏性不高，很难塑形。这碗小米粉面条是怎么做成的？至今仍是一个令人百思不得其解的问题。

喇家遗址位于青海省民和自治县，西有积石峡，东隔寺沟峡，南侧的黄河又为这片平坦的小盆地提供了肥沃的土地和丰富的水资源，喇家先民在这片土地上种植了粟、黍等农作物。这碗古老而稀有的面条，就向我们直观展现了四千年前喇家先民的生活图景。

我很喜欢一种秦淮小吃，叫糖粥藕，它让我想起了马王堆汉墓的那鼎藕片汤。

湖南长沙马王堆汉墓是在 1972—1974 年发掘的，在我国的考古史上堪称奇迹，不仅仅因为它的出土文物多而精，最让人咋舌的，还是它出土的漆鼎里保存着一份千年藕片汤。

马王堆一号汉墓的墓主是辛追夫人。她是西汉初年长沙国丞相、轪侯利苍的妻子，平生没什么特别的爱好，就是爱吃。她的遣策（陪葬品目录）中，记载了琳琅满目的各类食物，包括白秫米和"白鲜米"等粮食，粔籹（蜜和米粉做成的饼）和卵粢（放鸡蛋的米饼）等点心，鹿、野鸭和鳜鱼等肉食，柚子和笋等果蔬，米酒、腊肉和泡菜等产品。据统计，她餐桌上的菜肴多达八十九道。

在清理长沙马王堆一号汉墓的云纹漆鼎时，我们的同行听到了里面的水声。大家既惊喜又疑惑，这里面不会是食物吧？打开的那一瞬间，所有人都被震惊了，里面真的是食物！完整的藕片清晰可见，呈乳白色，孔眼清晰，和今天的藕片没有什么不同。但在后续的多次搬动中，藕片不断地减少，等到用卡车运到博物馆后，藕片已经全部消失了。藕片经过两千年的浸泡，实际上已经氧化，在封闭的环境下完好如初，但是一见阳光就炭化，在搬运过程中就瓦解了。

除了藕片汤，马王堆汉墓还有杨梅"罐头"。

当我们的同行打开一号墓东边厢的一只陶罐时，一阵淡淡的果香扑面而来，这个陶罐内居然装满了杨梅，颜色紫红，果肉丰满，带着青绿

关注美食，美食中有大学问

关注考古，考古里有大惊喜

研良仁

色的果柄，仿佛刚刚采摘下来。有人忍不住品尝，却发现杨梅已经失去了当初的酸甜味道，带有一丝苦涩。这是来自两千多年前的杨梅，虽然外表依旧新鲜，但时间的流逝夺走了它最初的味道。江南的五月，正是杨梅飘香的时节，而墓主人可能就是在五月前后离开人世的。

我有时小酌，偶尔喝一点葡萄酒。

野葡萄在世界上的很多地方都有，但是我们现在吃的和酿酒用的葡萄都是来自地中海沿岸的栽培种。根据《史记》的记载，栽培种葡萄是在西汉由张骞从中亚带回来的。但我们的同行在新疆吐鲁番发现了公元前300年的葡萄藤，说明它进入中国的时间比文献记载更早。

我国先民酿造葡萄酒的年代也很早。考古学家在距今9000年的河南舞阳贾湖遗址就发现了用野葡萄（或山楂）、蜂蜜和大米酿造的葡萄酒。张骞在带回葡萄种子的时候，可能也带回了中亚的葡萄酒酿造技术。此后葡萄酒经常出现在史料中，不过从现有证据来看，它是来自域外的高档饮品。直到贞观十四年（640）以后，唐太宗打下了吐鲁番，这里的马奶子葡萄和葡萄酒酿造技术传入中原，葡萄酒才逐渐在中原普及。

近几年，我们的同行在吐鲁番市的西旁发现一处景教寺院遗址，遗址内有酿造葡萄酒的痕迹。景教是基督教的一个分支，而葡萄酒在基督教的圣餐仪式中有重要作用。该遗址留存了七个大型陶瓮的痕迹，部分缸底有紫红色的残留物，据此推测，这里可能是用来酿造或储存葡萄酒的一处酒窖。

葡萄酒不仅仅是餐桌上的佳酿，更是文化交流的见证。

日常享用美食的时候，是否有人好奇过，为什么每一种菜系最常烹制的都是炒菜？炒这一烹饪方式是在宋代普及的，而这多亏了那口黑乎乎的铁锅。铁锅传热性能好，可以快速地将食材炒熟，不仅可以保留食材的营养和风味，还增添了一种特别的"锅气"，让炒出来的菜更加好吃。

在宋朝之前，人们已经开始铸造铁锅。铁锅用的是生铁，我国先民在公元前 6 世纪就率先掌握了生铁冶炼技术。在西汉以后我国冶铁技术虽然快速发展，产量也快速提高，但是直到北宋用煤炼铁，生铁的产量才实现了质的突破，生铁和熟铁的年产量从西汉的大约 5000 吨，跃升到了大约 15 万吨，铁锅才得以普及。

随着铁锅产量的增加，人们也就自然而然地把铁锅当作重要的商品，与瓷器、丝绸和茶叶一起输出海外，广受国际欢迎。2007 年打捞起来的"南海一号"南宋沉船中，考古工作者就发现了大量铁锅。"南海一号"是一艘行驶在海上丝绸之路的远航贸易商船，它从福建泉州出发，满载货物，目的地是东南亚或者中东……

辣椒早已融入了我们的日常之中，很多人吃饭"无辣不欢"，却不知道辣椒也是"舶来品"，在 16 世纪末，中国人才第一次与辣椒相遇。

根据现有成果，最早的辣椒出现在约 8000 年前的中南美洲地区。由于美洲大陆与其他大陆隔绝，15 世纪之前，欧亚大陆的人们都没听说过辣椒，一直到 1492 年哥伦布发现新大陆。辣椒被他带回欧洲，继而传入中国。

辣椒刚传入我国时，是作为观赏植物存在的。我国先民发现辣椒的奇特美味，已经是近百年之后，第一个吃辣椒的是谁已经无从考证了。

现在，辣椒在四川，加上花椒变成了"麻辣"；在云南，调成蘸水变成了"糊辣"；在西北，加上油泼变成了"香辣"……辣椒用短短百年的时间就征服了中国人的餐桌。

考古学常常以惊喜的方式展现祖先的美食和器具。和历史文献一道，考古发现让我们破除历史的迷雾，认识食物在我国祖先物质生活和精神生活中的作用。

食物是人类生存的基本需要，也是维持生命和繁衍后代的关键，从最开始的采集狩猎，到后来的集约化种植，从最开始的简单烧烤，到用陶器蒸煮，再到铁锅的出现……先辈们不断探索新的食材、新的烹饪方式，来满足自己的口腹之需。随着人口逐渐增长，他们又不断追求稳定的食物供应，来满足自身的生存与后代的延续。

食物并非一家一户的小事，而是社会经济生活的核心。它的生产、消费、加工和流通，构建了一个庞大的社会关系网。从田间劳作的农民、泛舟河湖的渔夫、放牧牲畜的牧民，到行舟运河的商人、市场叫卖的小贩、厨房掌勺的厨师，再到大快朵颐的食客，不同阶层、不同行业的人们通过食物紧密联系起来，就像我们人体内的毛细血管一样，为社会输送了各种各样的营养。

食物还渗入政治和礼仪活动中。两周时期，每当贵族们从周王那里获得奖赏，就把这种荣耀铭刻在他们铸造的青铜礼器上。他们把这些青铜礼器放在宗庙里，在铜鼎里放牲肉，在铜簋里放谷物，在铜尊里放醴酒，还要演奏编钟和编磬。他们认为，祖先的灵魂将被仪式召唤到宗庙里，享用美食、美酒和音乐，倾听后代的颂词。在这里，食物与礼器、贵族和宗法制度紧密结合在一起，共同构成了两周时期的礼乐文明。

　　从饮食出发，或许可以重新审视中国的历史。从远古的稻粟栽培，到清朝的满汉全席，这本小书试图描绘一幅流淌不息、波光粼粼的历史画卷。希望本书的读者也能沉浸其中，与无数先民同食共饮。学海无涯，书中定有很多错漏之处，也请朋友们不吝赐教。

目录

引言：奇荒之后 / 001

肇始：一万年前的中国 / 009

　　原始的农耕生活 / 011

　　十月获稻 / 017

　　春种一粒粟，秋收万颗子 / 022

　　稻和粟推动的历史 / 027

　　稻和粟的传播 / 033

良渚至商：早期国家与社会 / 037

　　集约化农业与王朝的雏形 / 039

　　畜牧业的成熟 / 045

　　早期饮食器具与烹饪方式 / 052

两周：饮食的礼仪化 / 063

周人的农耕与饮食风貌 / 065

五味俱全 / 073

饮食之礼 / 080

饮食中的哲思 / 090

秦汉：饮食盛宴与文化交流 / 095

马王堆汉墓的饮与食 / 097

小麦在汉代的迅速扩张 / 102

丝绸之路带来的异域美食 / 109

悬泉置的传食 / 114

魏晋南北朝：味蕾上的乱世 / 121

北方华夷饮食的融合 / 123

南北方饮食的交流 / 133

酒中风度与"疯度" / 139

唐：多元奔流的饮食盛世 / 149

唐代饮食的新风貌 / 151

食疗养生的兴盛 / 162

茶饮之清风 / 165

万国衣冠的饮食交流 / 172

宋：市井的饮食 / 179

    进击的猪肉 / 181

    经济格局的变化 / 186

    市井珍馐与饮食业的发达 / 191

    铁锅和菜谱 / 204

元明：海与陆的"食物革命" / 209

    元朝的"国之大事" / 211

    "海禁"下的对外贸易 / 216

    新大陆作物的输入 / 225

    中国饮食的外国观察家们 / 232

清：地域菜系的形成 / 239

    皇帝的菜谱 / 241

    欢度节日享美食 / 250

    地方菜系的成熟 / 261

    美食思想的发展 / 267

后记 / 271

引言：奇荒之后

清光绪四年（1878）的河南境内，一扬州人正携友赶路。自入省以来已历数日，沿途竟无一处人烟。由于连日奔波，二人早已无力前行，只得停下找寻吃食。可这荒野之中，哪能见到半点人烟。正踟蹰间，二人忽见前村有一女子，遂向她讨口饭吃。女子将二人引入室内，指着锅中肉说："你二人可自行取食。"二人大喜，往视锅中，见其中烹煮的竟是人肉。虽不禁色变，但抵不住饥肠辘辘，只得略微食之，又问女子前路情形如何。对方答曰："离此不远即有饥民拦路杀人取食，你等万勿自投罗网。"话音甫落，前方便已出现一大群人。惊慌之下，此二人只得丢下盘缠夺路而逃。

　　这并非鬼怪小说中的奇闻异谈，而是1878年7月8日《申报》报道的河南灾荒实况。彼时的中国，正在经历有史以来最严重的一场旱灾，史称"丁戊奇荒"。旱灾席卷山西、河南、陕西、直隶、山东北方五省，波及苏北、皖北、陇东和川北等地。旱灾初见端倪时，清廷诸多官员已注意到这场旱灾来者不善，纷纷上奏中央请求从速赈灾；大批商人开展慈善活动，进行大量募捐；而官方与民间都设置粥厂来收容灾民，为他们提供最基本的饮食。

　　然而旱灾造成的损失依然非常严重。旱灾覆盖人口之多、区域之广、烈度之高、影响之深远在中国历史上都极为少见。据各方统计，这场灾荒造成1000余万人饿死，2000余万人逃荒外地，背井离乡。旱灾以光绪三年（1877，丁丑）、光绪四年（1878，戊寅）最为严重，故名

"丁戊奇荒"。

这场巨大旱灾的成因，学界多有讨论。从粮食角度看，受灾严重的北方五省是明清时期的麦作主产区。明末发明家宋应星在其著作《天工开物》中，对于这一地区的农作物结构有精准的描述："四海之内，燕、秦、晋、豫、齐、鲁诸道，凡民粒食，小麦居半，而黍、稷、稻、粱仅居半。"据学者研究，在明清时期的五百余年内，小麦在北方的种植比重逐渐提高，尤其以华北平原为最；到清朝后期，小麦种植比重维持在一半以上。如此巨大的种植比例，一旦小麦歉收，就会引发严重粮荒，进而导致饥荒。这场旱灾发源自当时的极端干旱气候，在诸多人为因素的推波助澜下，最终成为一场人间惨剧。"丁戊奇荒"给了本就摇摇欲坠的清政府以沉重打击，深刻影响了中国的人口迁徙和分布，警醒后人粮食安全的重要性。

短短几十年后的 1942 年，河南再次深陷饥荒之中，给无数中国人留下了深刻的记忆。时值侵华日军步步紧逼，河南作为战争前线，社会经济已经受到了严重破坏。加之旱灾和蝗虫灾害，本就脆弱的农业生产濒临崩溃。干旱使得土地龟裂，庄稼枯萎，蝗虫则无情地吞噬着所剩无几的禾苗。粮食产量骤减，饥荒迅速蔓延。政府应对灾荒乏力，导致粮食调配和救济措施远远无法满足灾民的需求，进一步加剧了灾情。在绝望中，人们开始采取极端的生存手段。人相食的悲剧在一些地区上演，家庭破碎、妻离子散的悲惨故事屡见不鲜。为了填饱肚子，人们不得不啃树皮、吃草根，甚至吞食泥土，只为了能够多活一天。饥荒不仅夺走了 300 万人的生命，更给 3000 万受灾群众留下了深刻的心理创伤。饥饿、疾病、死亡成了那个时候河南人民的"日常"。吃饱饭，长期以来是广大中国人民的深切愿望，却因为生产力等因素的限制显得如此遥不可及。

新中国成立后，国家推行土地改革、对农业进行社会主义改造，广大农民实现了集体化，粮食总产量稳步提升。从1949年的1.13亿吨，发展到1958年的1.98亿吨。1964年，国家发起了以提高粮食产量为目标的全国性运动——"农业学大寨"。大寨位于山西省昔阳县，地处太行山区，环境恶劣，但以艰苦奋斗、自力更生的精神和远高于同县平均产量的农业成就而闻名。在"农业学大寨"运动中，全国各地的农业生产得到了一定程度的推动。农民们改良耕作方法、引进新品种、应用现代农业技术，有效提高了粮食产量。即使在之后全国性的混乱形势中，中国的农业生产仍然实现了增长。1978年，粮食总产量达到3.04亿吨，人均粮食产量达到319公斤。但是这一时段内人口快速增长，使得人均粮食产量降低，导致"吃不饱"成为20世纪80年代以前出生的中国人共同的记忆。在改革开放之前，粮食产量增加→营养改善→人均寿命增长→人口快速增加→人均粮食占有量增长速度放缓，成了一个不断循环的过程。

十一届三中全会后，中国开始农村经济体制改革，中国农业全面进入包产到户的新时期。1982年粮食总产量达到3.55亿吨，人均粮食产量达到351.5公斤。1996年，中国人均粮食产量414公斤，第一次突破了人均400公斤的营养安全线。2023年，中国粮食产量达到6.95亿吨，是1949年产量的六倍有余，人均粮食占有量达到493公斤，是1949年数据的2.36倍，实现了谷物基本自给。时至今日，中国人已经端稳了自己的饭碗，不再担心饥荒的折磨。

庞大的供应能力使得十数亿中国人民免于饥荒的侵袭，淡化了我们对饥荒的记忆。然而在我国历史上，类似的水灾、旱灾、蝗灾以及地震和战争导致的饥荒此起彼伏，像梦魇一样缠绕着折磨着我们的祖先；我们真正离开饥饿也只有几十年时间。90年代以来的丰裕生活甚至让我们开始远离"碳水"、憎恶"碳水"，因此对养育了祖祖辈辈的粮食，比如粟、黍，感到相当陌生。相对于其他五花八门的粮食产品，大多数人对作为口粮的大米有更直观的生活体验。从遍及水稻田的长江流域，再到整个东南亚地区，数亿人口的餐桌上摆放着大米制成的美食：从米饭、米粉等主食，到米糕、肠粉等小吃，在和大米长达数千年的相处中，人类将其发展出了无穷的花样和意义。每年，全球产出的数亿吨大米养活着数十亿人口。这一惊人的粮食奇迹，离不开袁隆平先生培育的杂交水稻。从1973年杂交水稻研制取得重大突破以来，至2023年10月，杂交水稻在国内累计推广6亿公顷，累计增产稻谷超8000亿公斤。作为我国第一项转让至国外的农业技术，杂交水稻推广到了全球70多个国家，种植面积也达到了近800万公顷，在人类农业发展史上留下了浓墨重彩的一笔。

相信大家读到这里，对于几千年来食物如何影响我们祖先的生活，以及我们祖先开发食物和利用食物的历程，产生了求知的欲望。在末次冰期以来的漫长历史中，我们的祖先不断驯化自然界的野生植物（如粟、黍和水稻）和动物（如猪、鸡、鸭等），从世界各地引进各类农作物（如小麦、大麦、土豆、红薯等）、家畜（如黄牛、绵羊、马等）、蔬菜（如菠菜、香菜、胡椒等）和水果（如石榴、葡萄等），食物种类从而不断丰富；改进耕作、施肥和育种技术，食物产量得以不断提高。在此基础上，我们的祖先不断提升食物加工和烹饪技术，研发美味佳肴，给我们留下了丰富的美食遗产。

让我们把时针拨回到距今约一万年前，在先民精心选择的第一粒种子落地之时，食物里的中国史，便由此开始了。

肇始：一万年前的中国

原始的农耕生活

夕阳正在缓缓落下，孩子们在村子周围玩耍，女人们在家里忙碌着。这是 2.3 万年前，村子坐落在如今以色列北部的加利利海（以色列最大的淡水湖）岸边。村子不大，只有六户人家。他们虽然是狩猎采集社群，但是因为加利利海、沿海平原和远方的山脉提供了丰富的食物资源，所以能够过着富足的定居生活。跟其他的狩猎采集社群不同，他们家里都储存了不少采集而来的野小麦、野大麦和野燕麦等谷物，还有捕获的羚羊、鹿和野牛等野兽以及晒干的鱼。现在正是做饭时间，女人们已经用石磨盘把野小麦磨成了面粉，做成了世界上最早的面包。它们正被放入房子外面的灶塘里烘烤，空气里弥漫着面包的香味。现在，女人们在湖边清理下午捞上来的鱼，准备把它们烘干，留到以后吃。忽然，树林里的鸟群"呼啦啦"地腾空而起，向远方飞去，女人和孩子们纷纷掉过头往远方的山头望去，只见几个男人扛着猎获的野鹿正在往村里赶。今天又是一个欢乐的日子。

这是我们根据奥海罗Ⅱ（Ohalo Ⅱ）营地遗址的发掘资料还原的生活场景。这个遗址位于黎凡特，后来因为海平面上升而被淹没，得以完整地保存下来。黎凡特的考古工作起步早，遗址保存条件好，为我们描绘了详细的农业起源过程。黎凡特在广义上指东地中海沿岸至两河流域的一大片区域，南北长约 1100 公里，东西长约 250—350 公里。其间包含地中海沿岸平原、山脉裂谷、高原、小溪流河谷和沙漠等多种地形；降水量由西而东逐渐减少。千差万别的地形和气候孕育了丰富多样的野生植物。除了许多一年生的小麦、大麦等野生谷物，还有许多种子颗粒大而无毒的野生豆科植物。众多的野生植物也吸引了绵羊、山羊和野牛等野生动物在周边栖居。这些动植物资源为黎凡特先民提供了充沛的食物，也为该区域的农业起源创造了条件。

奥海罗 Ⅱ 营地的村民已经开始种植野小麦等谷物，公元前 13000—前 9600 年的纳吐夫文化延续了这个过程。在公元前 13000 年以后，末次冰期的盛冰期结束，气温大幅度升高，野生动植物资源大为增加，古代先民得以过上定居的狩猎采集生活。在纳吐夫文化的阿布·呼雷拉（Abu Hureyra）遗址，考古学家发现了谷物、豆类、坚果、叶类蔬菜和水果的遗存；在穆雷贝（Mureybet）遗址更是发现了具有一定驯化特征的黑麦。除了采集和种植野生谷物，纳吐夫文化的先民还捕猎瞪羚、绵羊、山羊、野牛等哺乳动物以及多种爬行动物和鸟类。狗在这一时期可能已被驯化，但主要作为人类的宠物，而非肉食资源。1932 年，纳吐夫文化的发现者、英国考古学家加罗德（Dorothy Garrod）提出纳吐夫人是最早的农民，但这一观点现在看来有待商榷。纳吐夫人仍然是狩猎采集社群，他们虽然开始栽培植物，但是还没有完成农作物的驯化。

之后的前陶新石器时代 A 期（即 PPNA，公元前 9600—前 8500 年），伴随着全新世暖期的到来，西亚的许多野生动植物迎来了生长繁育的黄金期。黎凡特先民自然不会错过这个机会，他们一方面继续采集狩猎，一方面在聚落周边种植野生作物，养殖野生动物，加快了驯化过程。过去有学者认为黎凡特在这个时期已经出现了农业，但是目前还没有发现足够多的关于驯化动植物的证据。最明确的驯化证据出现在阿斯瓦（Aswad）遗址，在此处发现的大麦62%为野生种，26%为驯化种，同期动物驯化方面的资料更为薄弱。考古资料表明，人们仍然通过狩猎来获得羚羊、野牛、野生绵羊和山羊。尽管如此，这个时期的人类文化得到了较快的发展。考古学家在哥贝克力（Göbekli Tepe）遗址发现了数个由大型石柱围护的建筑，直径为10—30米。石柱最高可达5.5米，最重可达15吨，说明先民们已经掌握了较高的石材开采、切割和搬运技能，并拥有动员大量人力物力的能力。

到了下一时期，也就是前陶新石器B期（即PPNB，公元前8500—前6200年），黎凡特出现了驯化动植物的明确证据。重要的农作物有小麦、大麦、豌豆、扁豆和蚕豆，明确的证据来自加泰土丘（Çatalhöyük），而在约旦西北部的阿恩·加扎尔（Ain Ghazal）也发现了相同的驯化植物。驯化动物方面，绵羊在北方地区占主导地位，而山羊在南方地区更为普遍。至于黎凡特南部的绵羊、山羊、牛和猪究竟是来自北方还是在本地驯化，目前还存在争议。但无可置疑的一点是，农业让这个时期的人类文化得到了长足发展。除南方的黎凡特之外，在北方的安纳托利亚高原和东方的扎格罗斯山脉都发现了大型城镇。在土耳其东南部的加泰土丘遗址，经过几十年的发掘，考古学家发现了大约1000座房屋，聚落人口估计可达8000人。在阿恩·加扎尔，考古学家发现了一座神庙。它由石块垒砌而成，平面呈长方形，地面下的两个窖藏坑出土了三十二尊神像。这些神像由石灰膏和芦苇塑成，有半人之高，表面可见颜料残迹，可能其窖藏之前曾经用于展示。这些发现明确无误地说明黎凡特先

纳吐夫文化的石磨盘

纳吐夫文化的石杵臼

民已经有了宗教信仰，虽然我们不知道具体的内容和形式。

农业的发展为黎凡特带来文化的快速发展。不过，农业是一把双刃剑，它既给人类带来了好处，也带来了弊端。比起狩猎采集人群收获的植物食物，农业种植得来的粮食容易储存，产量更高，可以为人类提供稳定的食物来源；女性的生育率大为提高，人口得以快速增长，而增长的人口又投入到农业的生产中，一代代人周而复始地进行农业生产。同时由于出现了剩余食物，一部分人从农业生产中解放出来，成为职业工匠、祭司、武士和国王。但是，农业人群的劳动强度要大得多。在他们的祖先纳凉休憩的时候，他们还要翻耕土地、播种除草、养殖家畜。因为更加依赖农作物和家畜，他们更容易受到各种天灾的摧残。他们辛辛苦苦种下了庄稼，来了一场旱灾、水灾或蝗灾，一年的收成就泡汤了；一旦发生瘟疫，他们就会失去家畜。同时，由于依赖农作物和家畜而导致食物多样性减少，他们容易营养不良，也容易患骨膜炎、骨髓炎、肺结核、肠道寄生虫和骨质增生等疾病。此外，由于养殖家畜，人类容易感染家畜携带的病毒。我们今天熟悉的"禽流感""猪流感"都是家养动物给人类带来的传染性疾病。

我们现在把目光拉回远古中国，先民们最原始的生存方式也是狩猎和采集，也就是从大自然获得食物。在大多数区域，由于大自然的食物资源不足和气候环境的变化，这种生存方式无法获取稳定的食物来源，也无法维持人类长时间的定居生活。于是，先民们不得不经常迁徙，寻找新的觅食区域。当然，在少数类似奥海罗Ⅱ营地那样食物资源丰富的区域，先民也可以稳定定居。他们采集野生谷物，捕猎野生动物（鹿、野猪、羚羊等），捕捞河湖中的鱼类。同时他们可能也开始种植谷物，养殖捕获的野兽。不过很可惜，对于中国的旧石器时代，考古学家们还没有发现奥海罗 II 那样保存完好的遗址，对他们的生存方式了解不多。我们可以看到的农业起源开始于距今一万年前的新石器时代早期。从这个时期以后，先民栽培稻和粟两种作物的证据逐渐增多，为我们描绘了中国农业起源的详细过程。

对于史前时代，中国先民钟情于口口相传的记忆——它们的源头则是真实发生过的大事件或生活纪实。人们对早期农业生活的回忆，在代代相传中，演变成了大量的农业神话，并最终为这些集体记忆塑造了众多农业神祇，以神灵之名纪念杰出的先驱。《周易·系辞下》中说："包牺氏没，神农氏作，斫木为耜，揉木为耒，耒耨之利，以教天下，盖取诸益。"《史记·周本纪》记述，周人始祖后稷初因被母亲抛弃，故名"弃"，儿时喜种麻、菽，成人后精于稼穑，被尧任命为"农师"，又被舜封于邰，号曰"后稷"。无论神农还是后稷，其故事无须拘泥于个人，而可视作远古时期先民驯化农作物、开展农耕生活的集体图景。在众多的农耕活动中，事实上决定中华民族蓬勃发展的，是对主粮作物，尤其是稻和粟的驯化和种植。

在旧石器时代向新石器时代的过渡期，中国的大部分区域由广袤的森林和肥沃的河谷组成。稻的种植最早在长江流域兴起，而粟作农业则在黄河流域发展。原因在于，稻米的生长需要大量水源，故此稻田多分布在水网密集的南方；粟对土壤和水分的要求较低，适合在北方干燥的环境中生长，因此与更加耐旱、耐贫瘠的黍一起构成了北方旱作农业的主要作物。

早期农业人群的经济模式相当复杂，即便是开始驯化野生植物，也不意味着停止采集狩猎和开始农业经济，故而可以理解为一种"中间经济形态"。在中国，稻和粟的早期驯化同样经历了一个类似的漫长过程。

十月获稻

从野生稻到栽培稻再到成规模的稻田，这是稻作农业发展的三个阶段。早在距今一万年以前的长江中游，南方的先民们就开始了对野生水稻向栽培稻的驯化。目前发现的反映稻作农业的早期遗址，分别是江西万年县的仙人洞和吊桶环遗址、湖南道县的玉蟾岩遗址以及浙江金华的上山遗址。

仙人洞遗址出土了大量的稻壳和稻谷炭化物，这是中国早期利用野生水稻的直接证据。通过对这些炭化物的碳十四测年，可知它们的年代为距今 1.2 万年，具有野稻、籼稻、粳稻的杂糅特征，表明此时的稻米正在由野生稻向栽培稻演变。在仙人洞遗址附近的吊桶环遗址，考古学家发现了大量的稻谷植物硅酸体，俗称"植硅体"。它是包含在植物茎叶和根系细胞中的一种特殊物质，在稻谷腐烂之后保存在土中。植物学家用高倍显微镜来观察它们的形状，识别它们的种属，认为前述植硅体来自水稻。在吊桶环遗址，考古学家还发现了稻谷腐烂后残留的物质。在玉蟾岩遗址发现的四颗炭化稻米同样兼具野、籼、粳的特征，其年代为距今 11000—10000 年。这些出土的炭化稻米极可能是为了育种而精心挑选出来的，还不能反映当时的种植规模。

仙人洞、玉蟾岩遗址都是自然形成的洞穴，吊桶环遗址则是溶蚀性的岩棚。人们之所以选择它们作为居住、储存粮种乃至制造原始陶器的场所，是因为当时寒冷的气候。而到了距今一万年前后，气候逐渐回暖，先民得以走出洞穴，在更为开阔的地带生活。在这一时期，上山遗址已经进入到"初级聚落"阶段，有了供人居住的房屋，也有了用于储藏粮食或处理垃圾的灰坑。在该遗址，考古学家发现了炭化稻米，甚至发掘出存有米酒残留物的陶壶，也就是说，上山先民已经开始用稻米酿酒了。由此，袁隆平先生为上山遗址题词"万年上山，世界稻源"，中国考古学界泰斗严文明先生则称其为"远古中华第一村"，真可以说是实至名归。

从仙人洞、吊桶环、玉蟾岩等洞穴和岩棚里的人类生活痕迹，再到上山遗址的露天村落，这些正与《周易·系辞下》所说的"上古穴居而野处，后世圣人易之以宫室"相吻合，反映了先民随气候变化而调整生存方式的巨大努力与卓越成就。生存乃至生活方式的巨大改变，证明南方地区稻作农业的发展促进了人口的增长，先民走出洞穴，定居原野，开始建造房屋。

读者朋友可能想不到，在传统意义上归属北方的黄淮之间，位于河南舞阳的贾湖遗址也发现了一定规模的稻作遗存，说明这里的先民并不种植粟或小麦。这一考古发掘为我们揭示了黄淮地区先民的饮食结构，其中野生植物的比重较高，水稻占比较小。但从出土的数千粒炭化水稻，石镰、石刀、石磨盘等稻作农业工具以及米酒遗存来看，贾湖遗址的稻作农业已经进入了初级但稳定的发展阶段。这一特殊的农业模式也影响到了后来的裴李岗文化，使其形成了稻粟混作的农业模式。

在上山遗址、贾湖遗址之后，越来越多的淮河、长江流域先民选择

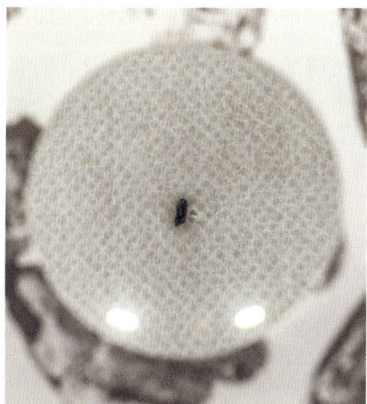

上山遗址出土的炭化稻谷

河姆渡遗址出土的炭化稻谷样本

上山遗址出土的磨石、磨盘

种植水稻，进而建立了以稻作为主的农业经济。同时，稻作农业的集约化也推动了社会组织形态的转变，促进松散的小规模部落社会向更加集中的大型国家社会发展。作为中国农业文明的基石之一，稻作农业的演进与文化、社会和经济的发展紧密相关。从最早的人工栽培到后来"集约化农业"的耕作模式，稻作农业的每一次进步都深刻影响着中国古代社会的面貌。

位于浙江省余姚市的河姆渡和田螺山遗址是稻作农业的一个早期例证，对它们的考古发现揭示了距今 7000 年前的农业生产情况。两处遗址处于水位很高的低地平原，考古学家从中发现了大量色泽金黄、外形完好的水稻茎叶和稻谷，并有籼稻和粳稻之分。一些陶釜底部留下了"锅巴"，颗粒完整的饭粒肉眼可见。除此之外，他们还发现了"稻田"和一套从耕种到脱壳的工具，包括骨耜、石刀、骨镰、石磨盘和石磨棒。河姆渡先民也养殖猪、狗和圣水牛。不过，水稻仍然不能提供充足的食物，而河姆渡先民也没有浪费大自然提供的丰富资源，他们在附近的山林采集橡子、菱角和芡实，狩猎野鹿，在湖泊河流捕捞鱼和龟。为了适应低地平原的潮湿环境，先民们建造了抬高地基的干栏式建筑。河姆渡遗址发掘于 20 世纪 70 年代，当时学术界流行"中原中心论"的历史观，也就是中原地区的文化发展水平高于周边地区，而河姆渡遗址的考古发现打破了这种历史观，让我们认识到南方新石器时代文化的独特之处，改写了华夏远古文明史。

在前几年发掘的浙江余姚施岙遗址，考古学家发现了世界上迄今为止面积最大、年代最早、证据最充分的大规模稻田，总面积约 90 万平方米。这些稻田属于河姆渡文化早期、晚期和良渚文化三个时期，年代跨度为距今 6700—4500 年。水田需要平整土地，需要灌溉，所以先民们需要寻找水源并设法将其引入稻田，由此简单的引水设施如沟渠开始出现。考古学家在施岙遗址发现了水渠和灌排水口，并且表明当时的人们可能已经懂得利用自然地势和挖掘浅渠来引导水流灌溉稻田。

需要指出的是，上古时期的稻米并不是我们现代人餐桌上柔软顺滑的"白米饭"，而是色泽发黄难以咀嚼的糙米。稻米分为稻壳和糙米两大部分，而加工稻谷是一个复杂的过程。我们今天能轻易吃到白米饭，是因为有现代碾米机械，很容易吃到精米。而上古先民加工稻米的工具较为原始，需要采取舂、磨、碾等办法进行加工。人们将稻谷放入石臼里面，用木槌或木杵来锤打，这就是舂米，后来人们发明了石磨盘、碓和砻谷机等来为稻米脱壳。不过这样脱壳的往往是难以下咽却营养更为丰富的糙米。要吃到白米饭，还要花费很多力气再加工，去掉富含纤维和维生素的糊粉层和胚乳。这样得到的精米，也就是我们日常吃到的大米，不过也损失了很多营养。

稻谷在今天常常是蒸煮成米饭，但在新石器时代晚期，人们食用稻米，最开始是直接放在石板之上烧烤，后来才放在甑、釜等器皿中蒸煮。在河姆渡遗址发现的一些陶釜内烧焦的黑色锅巴，其实就是米饭的残留。当时的稻米产量与今天相比当然是极低的，加之后期脱壳，可食用的稻米数量极为有限。不过，我们的祖先正是以此为起点，创造了源远流长的稻米饮食文化。

春种一粒粟，秋收万颗子

仿佛与南方田野中的稻穗遥相呼应，几乎同一时期的中国北方地区，低垂的粟为先民的生存提供着踏实的保障。

中国粟起源于本土的华北地区。它与亚洲广泛分布的"青狗尾草"同科同属，其祖先很可能就是路边随处可见的青狗尾草。在漫长的发展和传播过程中，粟有过很多不同的称谓。《诗经》将黍、稷并提，说明二者都是北方的重要农作物。《左传·桓公二年》记载"粢食不凿，昭其俭也"，"粢食"指古代祭祀用的以黍、稷制成的饭食，其中的稷即是粟；在一些文献和北方口语中，粟也叫做"谷子"。而在今日，这种农作物的通俗叫法是"小米"，依然是日常饮食和农产品市场的重要角色。

在大部分现代人的观念里，小麦是中国北方地区的主粮作物。事实上，小麦是起源于西亚新月沃地的外来作物，一般认为在距今5000—4000年左右传入中国，经由新疆逐渐向内地传播；而在此之前及之后的很长一段时间里，粟、黍才是北方餐桌上的主角。从新石器时代晚期开始，粟逐渐取代了黍，成为北方最重要的主食，改变了北方的饮食结构。

北方先民对谷物的利用也开始于旧石器时代晚期。研究者在宁夏灵武水洞沟、柿子滩等遗址出土的石器上，发现了黍亚科、小麦族、块茎

兴隆沟遗址出土的石锄

裴李岗遗址出土的石磨盘和磨棒

类和坚果类植株的淀粉粒，其年代距今 2 万—3 万年。这说明先民已经开始收割和加工野生谷物。不过，他们种植粟、黍等谷物的证据目前最早见于新石器早中期的北京东胡林遗址。在这里，研究者发现了粟十四粒，黍一粒，年代为距今一万年左右。

在黄河流域以北的太行山脉和燕山山脉，兴隆洼遗址是当地粟作农业遗址的重要代表。它位于内蒙古自治区赤峰市敖汉旗，考古学家经过六次大规模发掘，发现了一座受环壕保护的村落，内有 184 座房屋、462 个灰坑和 30 余座居室墓。该遗址的一个重要发现是距今约 8000—7500 年的炭化粟、炭化黍颗粒。这些粟、黍是最早的人工栽培谷物之一，也是当时人们的重要食物来源。当地出土的大量骨器可能用于开垦和耕种等农业活动，共同构成了粟作农业。兴隆洼先民也从事玉石器加工和陶器制作。粟作农业的发展为聚落生活提供了坚实的生存保障。

在新石器时代，黄河流域土壤肥沃，季节变化明显，与粟春种秋收的喜温特性相匹配。磁山遗址位于太行山东麓的河北省武安市磁山镇，是目前已知最早种植粟的史前文化地之一。该遗址的发现将中国种植粟的年代推到了距今 8000 多年前，使学术界对粟作起源有了新的认识。该遗址面积较大，考古学家在发掘过程中发现了多种遗迹，像房址、灰坑和 80 多座粮窖。粮窖储藏的粮食规模相当惊人，总重量达到了 5 万公斤。这些粮食于 20 世纪 70 年代发现时鉴定为粟，但在 2009 年再次鉴定，表明大部分为黍，少部分为粟。该遗址还发现了较多的石镰、石铲、石刀、石斧等农具，说明此时已经进入"锄耕农业"阶段。磁山先民也养殖猪、狗等家畜。该遗址还出土了骨镞和鱼镖等工具，说明渔猎也是先民不可或缺的辅助经济活动。

位于河南中部新郑市的裴李岗遗址距今约8000—7000年，与磁山遗址几乎同时。裴李岗遗址较磁山遗址位置偏南，降水和气温条件适中，更适合粟类作物生长，同时也有稻作农业。这里河流众多，方便灌溉，为中原地区的文明起源提供了农业基础。除了粟类植物的植物淀粉残留外，裴李岗遗址还出土了种类繁多的石器，包括石铲、石斧、石镰、石磨盘和石磨棒等。其中石磨盘出土数量超过其他遗址，制造工艺也相对精细。这些农具的设计可以看作先民们提高农耕效率的尝试。翻土的石铲，割断农作物的石镰，还有磨制、精加工粮食的石磨盘和石磨棒，为后世揭示了裴李岗文化的一整套农业生产流程。

裴李岗文化与磁山文化的后继，就是大名鼎鼎的关中、晋南和豫南的仰韶文化。在距今约6000年的西安半坡遗址中，考古学家发现了大量炭化粟的颗粒，获得了先民从事粟作农业的直接证据。除此之外，他们还发现了石锄、石斧等农业生产工具，200多个贮藏食物、生活生产工具的窖穴。这些都表明半坡社会已经开始了较为完善的农耕生活。著名的红底黑花的半坡陶器，除了作为食器使用，也有一部分可能用于储存粟及其他作物的种子。

粟的驯化和种植，满足了黄河流域先民饮食的基本需求。距今4000多年前青海民和自治县喇家遗址出土的世界上最早的"面条"，其原料就是黍米和粟米，而并非我们今日熟知的小麦。

半坡遗址出土的小口尖底瓶

青海喇家遗址出土的原始"面条"

稻和粟推动的历史

20世纪30年代，英籍考古学家柴尔德（Vere Gordon Childe）提出了"农业革命"的说法。由于人类栽培了农作物，养殖了家畜，导致食物快速增长，于是出现了村落与城市，产生了文字、手工业、艺术、宗教和国家。当然，这场革命不是暴风骤雨式、经过几年或几十年就完成的，而是和风细雨式、经历了几千年才完成的。在中国，新石器时代的南北方也经历了这样一场"农业革命"。当稻作农业占据了南方农业的主流，先民们便可以走出洞穴，定居下来，在丰饶的水土边建立固定的村落；以粟、黍等作物为代表的旱作农业的推广，也使得北方先民的定居生活成为可能。稳定的食物来源诱发了人口的自然增长，也诱发了聚落规模的扩大，最后催生了城市。

在南方，随着稻作农业的发展，粮食产量不断提高，人口持续增长，细致的社会分工开始出现。在农业生产之外，部分人群开始从事手工业或小规模商业。专门的手工业逐渐走向独立，初具雏形。考古学家在杭州桐庐方家洲遗址发现了距今5900—5300年前的玉石器加工场。这是一处崧泽文化的手工业工场，出产的玉石器是原始贸易的重要物品。在崧泽文化之后的良渚文化，手工业进一步发展。在良渚古城的钟家港河道里，人们发现了大量与制作玉器、石器、骨角器、漆木器有关的遗物，比如石片、玉料等。研究者据此推测这条河的两岸，原来是手工业的集聚之地，有大量手工作坊。

北方地区的先民们同样在经历这一过程：劳动生产率逐渐提高，粟作农业稳定产出，部分人口开始从事手工业和商业活动。这种分工不仅提高了生产效率，也促进了社会的复杂化。考古资料显示，早期聚落出现了专门从事制陶、纺织和玉石器加工等手工业的人群。这些手工业品在聚落内部或聚落之间的交换，推动了早期贸易的发展。以中原地区的裴李岗文化为例，考古发掘显示，该文化的聚落规模较大，存在明显的居住区和生产区的划分。

宗教信仰和艺术得到了萌芽的机会。人们对自然的依赖程度很可能使得他们对自然神灵产生了敬畏之感。在农业发展起来以后，先民们把更多的时间和精力放到宗教活动和艺术创作中。在同时期的南北方遗址中，人们都发现了不同种类的祭祀用品，其中不乏精美的陶器、玉器等。良渚文化出土的"玉琮王"，通高8.9厘米，最大射径达17.6厘米，重6.5公斤。用于雕刻其表面纹理的"湿雕阴刻"技术在今天看来也十分令人赞叹。它是迄今出土的最大、最重、最精美的新石器时代玉器。

北方先民也逐渐从生存压力中解放出来，开始追求精神层面的满足。仰韶文化的彩陶制造空前繁荣。粟作农业的发展为手工业者制作彩陶提供了物质基础，解决了他们的后顾之忧。著名的"鹳鱼石斧"与"人面鱼纹"彩陶图案，虽然其含义不得而知，但是在一定程度上反映了仰韶先民的自然崇拜思想。而玉器加工在北方起步很早，开始于距今8000—7500年的兴隆洼遗址，远早于南方的崧泽文化和良渚文化。该遗址发现了玦、匕、管、斧、锛、凿等玉器。玉玦的出土数量最多，常成对出现在墓主人的耳部周围，应是墓主人生前佩戴的耳饰；还有一件镶嵌在一个小女孩的右眼眶内。无独有偶，后来的红山文化牛河梁遗址中出土的陶塑女神头像，双眼内也嵌入了圆形的绿色玉片。

另外，伴随着社会的复杂化，信息交流的需求也会随之加剧。虽然目前没有确凿的证据表明新石器时代已经出现了成熟的文字，但考虑到甲骨文已经较为成熟，那么在它问世之前，理应存在一个文字的发展期，新石器时代出土文物上的刻划符号，无疑是这一文字发展期的重要证据。距今约 7300 年的安徽蚌埠双墩遗址、距今约 6000 年的西安半坡遗址等出土的陶器上均发现了刻划符号。其中不少符号与甲骨文相似，所以一些学者认为它们是甲骨文的源头。它们或许具有一定的表意功能，或者代表特定家族的徽章，但是苦于缺少更多的证据，我们还无法证明这些刻划符号是文字，或是甲骨文的前身。

集上述农业、手工业、宗教和艺术为一体的是新石器时代晚期和铜石并用时代出现的高等级聚落。南方有浙江省杭州市的良渚、安徽省含山县的凌家滩和湖北省天门市的石家河等，而北方有山西省襄汾县的陶寺、陕西省神木市的石峁和甘肃省庆阳市的南佐等。其中凌家滩要早于良渚和石家河，出现于距今 5800—5300 年。该遗址最重要的发现是一座墓葬出土的三件国宝级文物"站姿玉人"，这些中国最早的玉人身上有浅浮雕冠帽、装饰。除此之外，该遗址还出土了其他遗址从未见过的刻纹玉版和玉龟。玉龟有上下腹甲，做得非常逼真，玉版两面抛光，正面刻八角形纹和大小圆圈。玉料硬度很高，当代工匠都要用钻石来切割和雕刻它。在没有钻石的远古时期，先民只能把石英，也就是沙子，当作雕刻工具，非常耗费时间，也非常考验工匠的技术。这些玉器都是高

裴李岗遗址出土的乳钉纹红陶鼎

舞蹈纹彩陶盆

重达 6.5 公斤的良渚文化"玉琮王"

双墩干栏式房屋形刻符陶片

鹳鱼石斧图陶缸

人面鱼纹彩陶盆

等级礼器，说明那时的凌家滩已经是一处高等级聚落。

在北方，陶寺遗址可以作为高等级聚落的代表。1958 年以来，几代考古学家在该遗址连续发掘，取得了一系列让人瞠目结舌的新发现。他们最早发掘了 1300 座墓葬，发现了明显的社会分化。少数大型和中型墓葬随葬了成组的由彩绘陶器、彩绘漆木器、玉石器构成的礼器群，其中蟠龙纹彩陶盘、鼍（鳄鱼皮）鼓、石磬等礼器尤为引人瞩目；而超过七成的平民墓葬则毫无随葬品。考古学家们意识到这座遗址的重要性，于是进一步调查，结果发现了一座由内外两重城墙构成的大型城址。大城的面积达 280 余万平方米，而内城（或称"宫城"）近 13 万平方米。能够建造如此规模的城市，意味着先民拥有发达的组织能力和高高在上的"王"。城址内还发现了面积达 6500 平方米的大型夯土"宫殿"建筑、观象台和手工业作坊区。从该城址发现的各类遗物来看，陶寺先民以种植黍粟，养殖猪牛羊为生，能够酿造美酒。他们掌握了金属冶炼和铸造技术，能够制作铜铃、铜齿轮等铜器，还掌握了镶嵌技术，能够制作精美的绿松石镶嵌腕饰。在当时的中国，陶寺先民的农业、手工业和天文观测都很先进。

在人类文明的征途中，种植农业带来的不仅是技术的飞跃，更是文化和社会结构的深刻变革。在中国这片古老的土地上，这一革命悄然发生，如同黎明时的一缕曙光，照亮了文明古国诞生的道路。稻作和粟作农业的兴起，不只是简单地替代了采集狩猎的生存方式，而是象征着祖先们从自然的被动接受者转变为主动塑造者。这是一场从顺应自然到改造自然的伟大转折，标志着中华文明的新纪元。

稻和粟的传播

稻和粟两种作物代表的农业模式，在各自的领域成熟后，随着先民的探索与对外交往，开始了各自的传播之旅。

两者首先在南北的过渡地区——淮河流域相遇，产生了稻旱混作的农业模式。这些地区的水热条件介于相对干旱的北方与相对湿润的南方之间，故而稻旱混作是一种因地制宜的选择。距今 7800 年前的裴李岗文化唐户遗址已经开始了稻旱混作，后来淮河上游的郑州大河村遗址仰韶文化层同时出土了炭化的水稻与粟米。

稻和粟除了在中国南北农业过渡地带交融以外，两者也分别朝着更为遥远的方向传播，形成了对周边地区农业文化的辐射。

稻作从中国长江流域，经长江口舟山群岛一带东渡，径直传入济州岛、琉球群岛、朝鲜半岛和日本列岛。从这些地区的考古资料看，日本的史前农业出现较迟，除了个别时间约为距今 4000 年左右的孤证外，大量的稻作遗址都分布在弥生时代早期（距今约 3000—2300年）。这些遗址主要集中在北九州，还处在稻作农业的萌芽时期。朝鲜半岛的史前稻作遗存主要集中在南部。韩国忠清南道扶余郡的松菊里遗址出土的炭化米均为粳稻，距今约 2600 年左右。此外，水稻还

曲贡遗址出土的陶罐

向南传至越南、印尼、泰国、菲律宾等东南亚国家，甚至向西传至近东和地中海沿岸。

粟的传播主要依靠陆路，最为人熟知的路线当数经过河西走廊进入新疆，并最终到达西亚和欧洲——其传播途径与后世的丝绸之路十分类似。距今 5200 年左右，粟黍农业人口到达青藏高原东北部相对温暖的各条河谷，并在距今 4800 年左右进入河西走廊。此后数百年间，这些人口进一步向西运动，进入中亚哈萨克斯坦。在距今 5000—4500 年的新疆吉木乃通天洞遗址，出土的小麦与黍"齐聚一堂"，证明小麦东传与中原农作物西传同时发生：两者在新疆及中亚相遇，然后"擦肩而过"，沿着各自的传播方向继续前行。

抵达青藏高原各条河谷的人们也把粟作农业带入了西藏。位于西藏昌都市的卡若遗址（距今约 5200—3500 年）、拉萨市的曲贡文化遗址（距今约 4000 年）、山南市的昌果沟文化遗址（距今约 3400 年）等均出土了粟作农业的直接或间接证据。其中，卡若遗址和曲贡文化遗址出土的粟作遗存以及其他文物，如玉锛、玉刀等显示出中原地区与西藏地区之间的文化和贸易交流。

在中华大地上不同区域出现的稻和粟两大作物，在公元前 5000 年左右，已经支撑起南北方的农业经济，并进一步扩散到世界范围，成为人类农业发展的重要支柱。虽然在后来的历史发展中粟逐渐让位于小麦，但它依然是中国北方重要的粮食作物，而水稻至今仍活跃在世界人民的餐桌上。统计显示，水稻是当前世界三大主要粮食作物之一，约有 35 亿人口以水稻为食。亚洲是大米的主要产出地，大米消费量较大的国家如中国、印度等也主要分布于亚洲。水稻为全世界人口分布最集中、最稠密的东亚、东南亚与南亚提供了至关重要的粮食，为世界人口的增长提供了巨大动力。

粮食传播的脚步从未停止。属于稻、粟等粮食作物的传奇，还将继续伴随人类的生活持续下去。

良渚至商：早期国家与社会

集约化农业与王朝的雏形

大约距今 5000 年的时候，太湖流域的人们正在庆祝一场战争的胜利。国王佩戴美玉制成的项链，手持玉钺，与贵族们一起共享胜利后的盛宴。在太湖南岸苕溪上游的平原上，一座新生的都城诞生了。国王站在高高的宫殿里，欣赏着臣民齐心协力堆筑而成的宏伟城墙。在城墙之外，勤劳的人们将一片片湿地改造为他们的家园，围绕都城形成了大规模的村庄，一片片稻田也应运而生。走进村里，一座茅屋旁飘来阵阵炊烟，河道两旁有茂盛的芦苇，而舟楫在溪水里自在畅游。青山上到处是可以捕捉的猎物，溪水中随处是可以捕捞的鱼虾……这片土地就是良渚文化的核心区域，这座伟大的都城就是良渚古城。

在当时，良渚人民已经开始了大规模、集约化的农业生产。考古工作者在良渚文化晚期的茅山遗址发现了面积达 5.5 万平方米的稻田区。这一时期，稻田呈较为规则的长方形或平行四边形，中间有南北向的田埂与东西向的水渠，由水道分开了耕作区与居住区。在稻田中，人们发现了牛和人翻耕土壤的痕迹以及用火的证据，这意味着古籍中"火耕水耨"的做法在此时就得到了使用。稻田是要求比较高的耕地，它要求土地平整，以便水流均匀地触及每一株水稻；为了灌溉，需要大规模修建水渠，将水从远处的河流引入稻田。所以茅山这些大面积的稻田，显然不是个别农民单打独斗就能开辟出来的，而是大规模集体劳动的结果。我们可以想到，集约化的农业生产意味着当时已经存在具有行政管理能力的"领导者"，能够合理分配工作职责，带领大家一起下地干活，建设家园。

良渚人民的农具也较先前的文化有了改良与进步，他们开始使用专门的农耕工具，用制作精细、规格较大的三角石犁翻土，还用石刀、石镰收割稻谷。这些农具大幅度提高了劳作效率，也保障了农业生产的质量。以茅山遗址为例，其田地中杂草的种子较河姆渡文化田螺山遗址显著减少，体现了除草技术的进步。研究者还根据土壤中植物硅酸体的密度，估算出茅山遗址稻田的平均亩产达141公斤，是河姆渡文化稻田的2.2—2.5倍。在距今5000—4000年的时代，这是非常了不起的产量。良渚文化遗址中发现的水稻颗粒，体积比先前的马家浜、崧泽文化要大，形态也更稳定，较野生稻更圆润。这种变化离不开人类的培育与选种，也反映了稻米地位的变化——只有主食作物才能得到祖先们如此精心的照顾。

乡间有广袤的稻田，有配套的灌溉设施，而偌大的良渚古城却没有耕作的痕迹。这说明良渚古城的粮食完全来自城外。据研究者估算，要满足良渚古城人口的粮食需求，需要约3000座包含15—20名壮劳力的村落供应，可见这些村落占据的面积以及它们的稻田种植区，应该都是非常可观的。

在良渚古城莫角山宫殿区，考古工作者发现了六处大规模稻谷堆积的遗迹，其中最大一处的埋藏量接近20万公斤。如此大量的炭化稻谷集中出土是非常惊人的。据推测，稻谷之所以炭化，很可能是因为宫殿区的粮仓失火。这也说明良渚古城已经有了粮仓等大型储粮设施，而水稻也毫无疑问是"城里人"的主粮。

集约化农业生产了足够的粮食，也使得人们有余力种植蔬果。考古工作者在良渚文化的大部分遗址发现了梅、杏、李的核。此外，桃、葫芦、甜瓜、柿、菱角等作物也有人工栽培的痕迹。时至今日，这些蔬果仍是长江中下游地区的重要作物。良渚古城钟家港河道出土的果实多为夏秋季节成熟的水果，似乎说明良渚先民有意识在特定季节进行采摘。

多余的粮食也很可能被拿来养殖家畜，进一步丰富人们的饮食。考古工作者在良渚文化遗址发现的家养动物主要是家猪和家犬。在绰墩遗址良渚文化层出土的动物遗存中，家养动物的比例接近50%。而在良渚古城南侧的卞家山遗址出土的动物骨骼中，猪骨占比达93%，具有绝对主导地位。这些猪的死亡年龄也集中在0.5—2岁之间，说明良渚人已经能够把握家猪的屠宰时间点。在良渚古城及周边区域中，家猪很可能已成为人们的主要肉食来源之一。

大规模集约化的稻作农业为良渚社会的发展奠定了基础。30—50人规模的小型村落开始形成，星罗棋布地围绕着良渚古城这种"国都"级别的城市，证明了良渚古城政治、权力、宗教中心的地位。到现在为止，考古工作者已经发现500多处良渚文化遗址，覆盖了整个太湖平原及长江三角洲。而在良渚古城所在的100平方公里范围内，就有270余处村落，其中古城附近就有190余处。这说明我们遥远的祖先也喜欢选择在都城附近安身立命。

这一时期的长江中下游地区，在近千年的时间里保持的稳定气候为集约化稻作农业提供了不可多得的光热条件。由此，集约化农业带来的

良渚文化石犁

持续产出，使得良渚人民能够满足基本的饮食需求，进而能够建设城墙、水利设施等大规模工程。良渚古城拥有 30 万平方米的莫角山土台、300 万平方米的内城和 600 万平方米的外城。这些内城和外城城墙主要由黄土堆成，堆土宽度最短 20 米，最长超过 100 米，高度可达 6 米。城墙从底部到顶部坡度较缓，人可以在不依靠外力的情况下走上大部分城墙的顶部。光看数字可能没有具体的概念，我们可以将它跟现代建筑作个比较：城墙顶部的宽度，可以容纳一间民宅，在一些较宽的位置，其宽度更是接近一个标准足球场的长度。这样浩大的工程，显然与现代人认识的作为防御工事的城墙不同。考古工作者在城墙两侧的河道中发现了不少生活垃圾，说明良渚古城的城墙上是实实在在有人居住的。坐

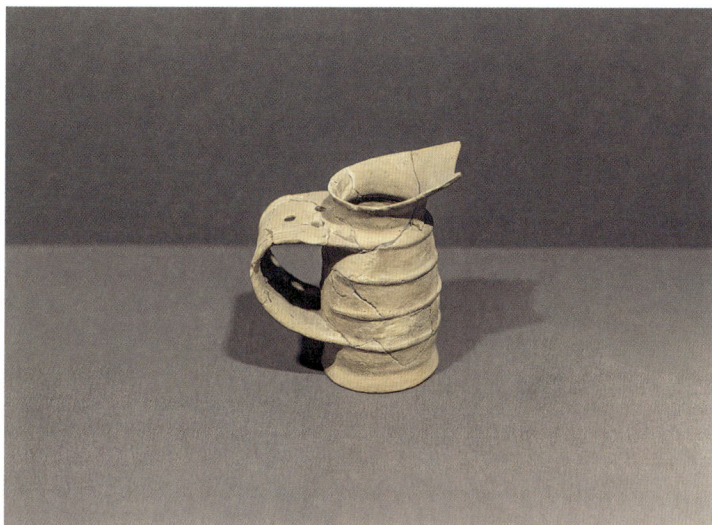

良渚文化陶器

良渚文化的"草裹泥"

拥如此巨大的城墙，良渚古城确实对得起当代人"中华第一城"的美誉。

良渚古城外的西北方向，在平原与山地交界的区域，考古工作者还发现了一个大范围的水利工程。目前已发现的 11 条堤坝遗址建设于距今 5000 年前后的良渚文化早期，构成山前长堤、谷口高坝和平原低坝前后两道堤坝，形成了一个面积达 13 平方公里的两级水库，相当于杭州西湖的 1.5 倍。它既能防洪，也能航运和灌溉。这是目前已知同时期规模最大的公共工程。这一巨型工程的建设早于大禹治水传说的时代，反映了当时的人们对于水利民生的极度重视。良渚先民采用"草裹泥"的技术，用茅草等植物的茎秆包住湿润的沼泽土，捆绑固定，一包一包堆起了宏伟的城墙与堤坝。这样在利用沼泽泥土堆筑大型公共设施的同时，还能开垦新的田地或住宅用地，实乃一举两得。

打造如此宏伟的都城，围绕它修建如此庞大的水利工程，需要的土包数量以及制造这些土包的人力物力，都是可想而知的。复杂的规划设计、后勤保障所需的农业生产能力、统筹这一切的管理能力……在如此遥远的时代，只有国家级社会才能满足如此苛刻的条件。这些伟大工程正是良渚文化进入早期国家的重要标志。除此之外，良渚古城周围的反山、瑶山等王族墓地，它们与姜家山、文家山和卞家山等构成的四个等级，反山、瑶山等墓地出土的"玉琮王"、玉钺等大量玉器，既是权力的象征，也是良渚作为早期国家的证据。

而这一切的基础，是良渚先民种下的一粒粒稻种。集约化稻作农业的发展，不仅提高了粮食产量，满足了人们的生存需求，而且产生了剩余粮食，使得一部分人口能够脱离农业生产，从事政治、军事、宗教、手工业和艺术，让良渚人迈入了复杂社会，建立了早期国家。

畜牧业的成熟

很久很久以前的一个傍晚，太阳将要下山了，一个中年男子站在黄河旁的一处高地上，俯视身下奔腾不息的水流——他要带领族人渡过这条河。大河清澈而宽广，即使水流不急的时候，人们也很难凭借自身的力量把家当全部转移过去。他想起了淹死在河里的父亲，想起了期盼他带领部落走向繁荣的亲朋好友，想起了为他提供支持的其他部落，于是他站直了身子，不知道第几次眺望河的对岸，那是他们部族知之甚少的领域，有危险，更有机遇。

有什么其他的办法吗？有，他做成了前所未有的事情，找到了新的方法，不过能否渡过这条河还是个未知数。他转过身去，走向部落的岸边营地，落日的余晖将他的身影拉长，长到快要盖过他驯兽的围栏。围栏里养着水牛，它们力量惊人，耐力十足，现在却能乖乖听从他的命令，或在休息，或在吃草，时不时发出一声满足的鸣叫，惬意地摆动着身子，像是在炫耀自己的皮毛。他抚摸着牛的脊背，水牛没有任何抗拒。他觉得时机已经成熟，便下定了决心：一个驯服了牛的人，要带领他的部落，靠牛群渡过这条河。

这个男人名叫王亥，商代人所祭拜的高祖之一。《世本·作篇》记载的"胲作服牛"，就是说王亥在商丘驯服了牛，并用牛来运载货物或拉车。他率领族人成功渡过黄河后长途跋涉，前往北边的易水附近从事贸易。结果，他在当地被部落首领害死。后世尊崇王亥，认为他是中国商业的鼻祖，于是把这个部落从事贸易的人称为"商人"，把用于交换的物品叫"商品"，把商人从事的职业叫"商业"。

在离王亥不远的时代，距今约3800—3500年，黄河南岸的古伊洛河流域建起了一座繁荣强大的都城。这座遗址的面积超过300万平方米，中心是一座气派而方正的宫城。宫城坐落在夯土台基上，坐北朝南，南北长360米，东西宽290多米，面积接近11万平方米，宫城墙宽2米左右。宫城内部分布着数十座大型夯土基址，按照东西向两条中轴线排列。在宫城周围，先民修建了宽敞而平坦的大道，路面上有来往穿梭梭留下的车辙。这里便是大名鼎鼎的二里头遗址。

不过，二里头的人们养育最多的牲畜并不是王亥驯服的牛，而是史书中"出镜率"相对较低的家猪。这一点与陶寺、王城岗、新砦等时代较早、地理位置较近的遗址的情况一致。家猪具有易饲养、繁殖快、产肉效率高的特点，成为欧亚大陆各个农业民族的优先选择。二里头人对猪的主要利用方式是食肉，这很可能是因为猪的产肉量在当时可家养的牲畜中处于领先地位。在兽骨样本数较多的二里头二、四期地层中，猪的个体数在所有家畜中的占比均超过50%，而同期地层绵羊与黄牛的个体数占比加起来才大约20%。就猪骨的分析情况来看，未成年而死亡的猪占大多数，反映了先民选择宰杀食用未成年猪。下颌骨的尺寸大小，也基本与家猪的范围吻合，说明它们是被畜养的家猪，而不是被捕捉的野猪。

二里头文化退场之后，在伊洛地区登场的便是二里岗期和安阳期的

亚长牛尊，其原型据说是已灭绝的圣水牛（兕）

商文化了。商人的畜牧业更加成熟，他们已经汇集了现在的"六畜"，即牛、羊、猪、狗、马、鸡，并大规模养殖，以满足商王朝各个阶层食用、祭祀、出行、打猎、作战、殉葬等方面的需求。在我国，家狗是距今一万年前驯化的；绵羊和黄牛分别是在西亚驯化的，直至距今 5600—5000 年和距今 4000 年才来到中国；而家鸡是由东南亚和我国西南部的红原鸡驯化而来的，最早出现在安阳殷墟。家马是从欧亚草原引进的，最早同样出现在安阳殷墟。它除了提供肉食和奶，还提供动力；甫一出现，先民使用它来牵引战车，驰骋疆场。

我们或许可以设想，正因为有了较为成熟的畜牧业，商人的军队（贵族军队）才有了长期食肉摄入蛋白质的基础，从而有了健壮的身体。加上锋利的青铜武器与驾车作战的技术，才使得商朝在对方国的征战中占据了优势。孟子说商汤"十一征而无敌于天下"，恐怕并不是单纯因为商汤能够施行仁政，得到民心，士兵有能连续作战的身体素质也很重要。

商文化遗址经常出土各类家畜的骨头。上述"六畜"除了鸡之外，都在殷墟大量发现过。在郑州二里岗早商至中商文化遗址出土的骨料中，猪骨最多，牛羊骨次之，还有少量马与犬骨。在安阳殷墟出土的动物骨骼中，水牛骨数量极多，超过了一千头。学术界称这种水牛为圣水牛，但它是否为驯化物种存在争议。无论如何，圣水牛长有面积较大、方便刻写的牛肩胛骨，因而大量用于刻辞占卜活动。羊腿骨出现在殷墟出土的陶豆、小屯遗址的漆盘中。鸡的骨头较细较脆弱，不易保存。在河北藁城台西商代遗址中，平民墓也出土了盛放着鸡骨的陶豆。台西遗址也出土了一些犬骨，它们一般放在靠近墓主头部的陶器内，说明狗是其中一种随葬食物。在各地的商代遗址中，人们也可以观察到大量腰坑殉狗的习俗，这反映了商代人除了将狗作为肉食来源，还希望用它在死后的世界里陪伴、保卫自己。古文字也反映了商代先民与畜牧业的紧密关系，甲骨文中出现的厩、牢、圂等字，分别指马棚、牛栏与猪圈，说明当时牲畜已经有了特定的养殖空间。

商代畜牧业中最具代表性的牲畜就是相传由王亥率先畜养的牛。当时的铜制农具还不够发达，牛耕也并不普及，因此牛最常见的用法是祭祀与食用。商人敬鬼神、重祭祀。殷墟西北冈王陵区发现了成排的祭祀坑，数量达 1221 个，里面除了埋葬人，还埋了马、象、狗、猪、羊，可见商人养殖家畜和狩猎野兽的能力。牛骨是甲骨文最常见的载体，同时牛也是祭祀里最常见的祭品之一。献给以养牛闻名的王亥的祭祀相当多，"五十牛于王亥"（《甲骨文合集》672正）之类的记录屡见不鲜。据不完全统计，甲骨卜辞关于牛祭的记载至少有 97 次，其中最大的一次规模达到了 1000 头。在安阳孝民屯商代晚期遗址的一个祭祀坑中，更是出土了 3600 枚牛门齿。

商人重视畜牧业，因此也将牲畜纳入青铜器的装饰题材中。民国时期，在安阳殷墟发掘出来的最大、最重的青铜器中，有一件牛方鼎。该鼎高 73.2 厘米、口长 64.4 厘米、口宽 45.6 厘米，重达 110 公斤。它具有精致瑰丽的纹饰，四面都装饰有浮雕牛首。前后两面的牛首，牛角特征明显，配合商人图腾的鸟纹装饰，威严而神圣。鼎的四足也有牛首装饰，鼎的腹部内铸有单字铭文"牛"。

畜牧业成熟的一个重要标志是阉割技术的发展。雄性家畜往往攻击性过强，需要通过阉割使它们性情温顺，便于管理。甲骨文里面有一个很有意思的字"豕"，就是在"豕"（猪）的前后腿之间加上一笔，闻一多先生认为这个字是指阉割过的猪。没阉割的公猪的肉有一股很重的腥臊味，难以下口。商代人自然也知道这一点，从而使用阉割技术来保证肉味、肉质。商代阉割家畜的技术也传到了周人手里。《周礼·夏官司马》中记载，掌管王室马匹的校人要在夏天"颁马，攻特"，清代学者孙诒让说"攻特"就是"割去马势，犹今之扇马"。

"豕"与"豕"

安阳殷墟侯家庄出土的牛方鼎

光有牲畜和技术依然不够，畜牧业还需要负责养育、放牧牲畜的人。有时，商王也会亲自参与畜牧业，如《甲骨文合集》29415"王畜马在兹寓"就是商王亲自当了一把"弼马温"。不过，商代负责驯养动物的人，主要还是臣子或奴隶。如果精确到某一种动物，有牛臣、豕司、司犬等职务，但最常见、最普遍的还是牧和刍两种职务。

　　"牧"的甲骨文字形，像人手持鞭子驱赶牛羊的样子，很好理解。"刍"的原意则是"割草"，引申为草料、放牧以及放牧的人。甲骨文资料显示，牧的地位较高，相当于中间或高级管理层，需要向商王报告畜牧业的发展情况，后来引申为统治百姓、指挥军队。《逸周书·度邑解》记载，周武王击败商纣王之后，"九牧之师见（武）王于殷郊"，直接写出了商朝的牧是有军队的。牧也一直保留了"管理军政之人"的含义，我们熟悉的后汉三国时期的荆州牧、益州牧等官职便是如此。商王麾下的畜牧业管理人员可以升格为军事指挥官，这也说明了商朝对于畜牧业的高度重视。

　　"刍"的本义为喂养牲畜的草料，后来引申为喂养牲畜的人。他们往往是被抓来的羌人俘虏，或方国进献的奴隶。甲骨文里的"取某刍"一般就是商王要求各地的方国进献刍。刍地位低、待遇差，绝大多数并不想从事畜牧业，所以经常逃跑，而贵族就去追捕他们。若是见到有卜辞问能否执刍或得刍，就是商人在占卜能否将逃跑的刍捉回来。

早期饮食器具与烹饪方式

民以食为天，在生活内容较为简单、娱乐活动还不丰富的商朝及之前更是如此。饮食的重要地位与食物的丰富推动了人们对于饮食器具的重视，进一步使人们对食具、餐具产生了器形与纹样方面的追求，大量精美的饮食器具因此问世。在二里头遗址数以万计的出土陶器中，有大量的饮食器具，可以分为炊器、食器、饮用器（酒器）和储存器等，功能相当齐全。

二里头文化的主要炊具是罐、鼎和鬲，这些都是用于蒸煮的器具。由于陶器的胎里都含有沙粒，因此能承受柴火的烧烤。罐分为瘦长一点的深腹罐和圆润一点的圆鼓腹罐。一些罐子有圆弧形的底部，学术界称为"圜底"，这类器具显然是无法自行站立的，需要放在灶台或支座上。鼎和鬲都自带足，可以立在地面上。两者的形状接近，但也有差别：鼎足是实心的，更接近片状；鬲足是空心的，像袋子一样有点圆润，有一点弧度，所以它的足一般也称为"袋足"。

二里头人当然也酿酒、喝酒。研究者通过分析出土的十六件陶器内的残留物，发现了与酿酒有关的真菌和酵母细胞。他们发现，该遗址大量出土的大口尊，容量一般在五升以上，用于半固态发酵。用现在的眼光来看，高领罐就是酒坛子，口径较小的尊用于储酒。为了饮酒，二里头先民制作了一系列酒器，如爵、盉、斝、角、觚等。其中，斝、盉用于温酒和备酒，觚、爵用于饮酒。发掘者发现，上述酿酒、饮酒器具一般出土在宫殿区以及靠近宫殿区的贵族居住区，也就是说只有贵族才能享用酒。二里头先民还仿造陶器，制作了鼎、盉、爵等青铜礼器，开启了中国的青铜时代。

虽然学术界通常认为，我国先民在二里头文化的中晚期就已经进入了青铜时代，但是二里头先民主要还是使用陶或者漆木制作饮食器具，青铜器具出现得较晚，而且只占饮食器具的一小部分。二里头遗址出土的网格纹鼎是迄今为止最早的青铜鼎，被誉为"华夏第一鼎"。不过，比起它的商代后辈们，它个体轻薄、外形粗糙、纹样简单，只能用朴素来形容。

到了商代，贵族墓葬出土的饮食器具种类更为丰富。商人不仅沿用了二里头时期的罐、鼎、鬲、大口尊等，而且还发明了尊、卣、觥等新器类。除此之外，他们还将大部分陶器器类引入青铜器，并且加上了饕餮纹、夔纹、蝉纹、牛首纹、羊角纹等精致细腻的纹样。实际上，从商代以后，陶器遭到冷落，贵族和工匠将聪明才智转移到了青铜器上。从二里岗和殷墟的贵族墓葬可以看出，他们会按照身份、地位享用一定数量的器类组合。这说明在商代的宫廷和贵族的铸铜作坊中，有官员负责制定器具标准，同时监督制作过程。鼎的种类较多，既有圆形的，也有方形的；用于盛放蒸煮好的粮食的豆和簋大量出现；爵、觚成了饮酒器具的主流，而斝大幅度减少；此外还有用于酿酒的大口尊和罍以及盛酒的尊和卣。青铜器具在商代的大量出现，证明商人在青铜冶炼技术与原料获取上取得了一些突破。殷墟出土的商代青铜器称得上是中国古代青

二里头陶鼎

"华夏第一鼎"网格纹鼎

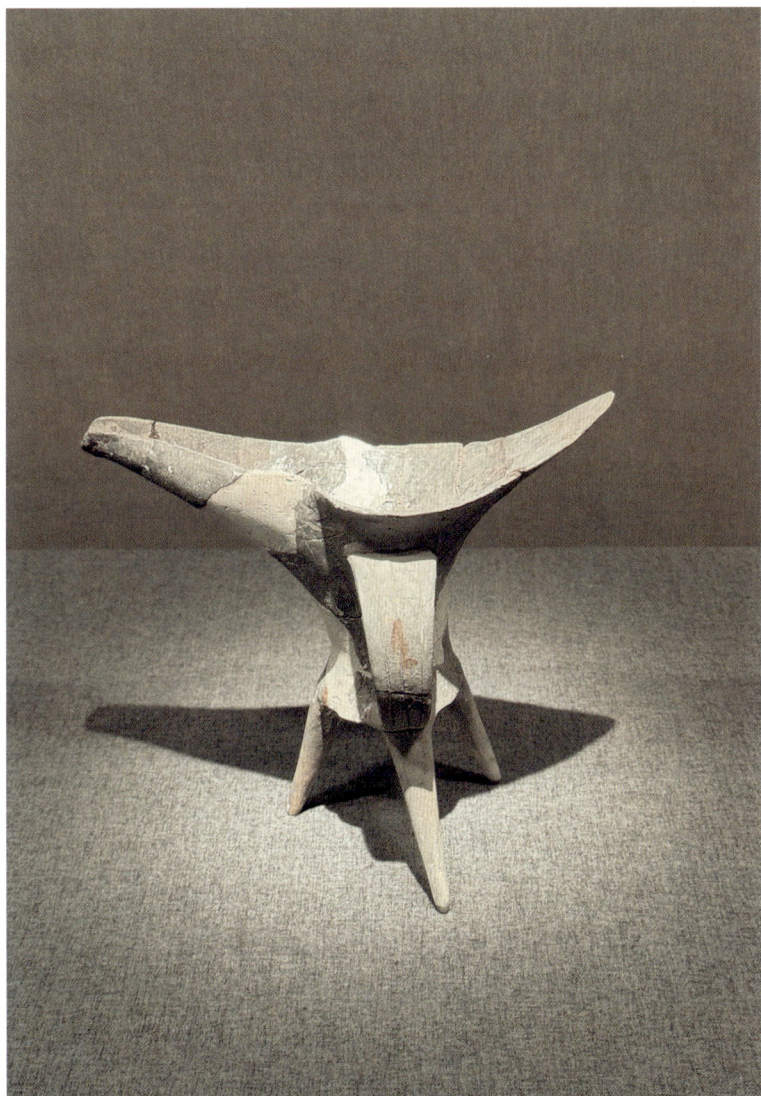

二里头陶爵

铜器发展史上的第一个高峰。

商人的饮食器具还呈现出了明显的两极分化：平民的饮食器具简单，只有粗糙的陶器；贵族使用的，除了陶器，还有漆木、青铜、原始瓷等，种类繁多，做工精细，富丽堂皇。其中，青铜器和原始瓷值得大书特书。青铜器的原料为铜、锡和铅，安阳本地并不出产，要从太行山、长江中下游甚至更远的云南运来，然后在商文化都城的众多铸铜作坊中铸造，满足商王室和各级贵族的需要。而原始瓷的产地为今浙江湖州和德清的东苕溪流域，那里漫山遍野的窑址烧出的产品同样经过长途运输来到黄河中下游的商文化都城，成为贵族的器具，并在他们去世后随他们埋入墓葬。

除饮食器具外，商代的贵族们也开始使用餐具。今天我们吃西餐使用刀、叉和勺，吃中餐使用箸和勺。在商代，贵族们用的是匕、勺、箸、斗等。匕有点类似现在的餐匙、餐勺。《说文解字》云："匕，亦所以用比取饭，一名柶。"《周易》王弼注："匕，所以载鼎实。"可见都是用来取物的餐具，其形状或较为扁平，或有类似勺子的弧度。在二里头时期与商代，匕的材质是兽骨或青铜。河北磁县下七垣遗址出土了一件二里头时期的骨匕，带有刃口，可能是便于切割兽肉。殷墟妇好墓出土了两件尖勺形骨匕，装饰精致，造型与现在的餐勺差别已经不大，但舀取食物的部分还是略显扁平，也可能是出于方便切割的考虑。一些匕的前端还有规律的漏孔，想必是当时的漏勺。

勺是相对匕来说器型更大的挹饮器。勺柄一般比匕长，可达20多厘米，舀取液体的勺体更深，一般作半球形。箸在商代已经出现，《韩非子·喻老》云："昔者纣为象箸，而箕子怖。"不过当时的数量还不多，目前只有1934—1935年殷墟王陵出土的六根青铜箸。与勺类似的餐具还有斗，勺体的形状更加多变，有直筒形、方形等等。商代后期，贵族饮酒流行使用铜勺、铜斗。小型的勺、斗可以直接伸到嘴旁饮用；大型的斗，如妇好墓出土的铜斗，柄长超过半米，约两公斤重，显然不是用来直接饮用的，而可能是用于向其他器具转移液体的。

在二里头文化与殷商文化中，主食一般是粟、黍、稻、麦等"粒食"。蒸煮是当时最普遍的烹饪方式，出土的主要炊器，如罐、鼎、鬲、镬等，主要用于煮；甑、甗等主要用于蒸。今天我们仍然采用蒸煮的方法，享受粟、黍、稻的味道，但是很少吃小麦粒，因为不好吃。商代先民之所以吃小麦粒，因为当时还没有发明磨面的石磨。

在炊煮器具中，甗是较为有趣的一种。有些甗以上甑下鬲两件器具拼成，称为"分体甗"；有些甗，其上下两部分在铸造时便合为一体，不能拆卸，称为"联体甗"。鬲用于盛水加热，水蒸气可以通过甑、鬲之间带有孔洞或缝隙的箅子，加热甑里的食物。也就是说，甗的工作原理与现在的蒸锅高度一致。妇好墓出土的青铜三联甗，看上去有如在一件灶台上放置了三个灶口，上面放置了三口蒸锅，可以同时蒸煮几种食物。这件陈列在国家博物馆的珍贵文物，保留了炊烟的痕迹，说明它在埋入墓葬之前，是蒸过饭的。

二里头先民还喜欢另一种烹饪方式——烧烤。今天，我们偶尔到街上喝酒、撸串，快意人生，但烧烤是人类从发明用火以来的传统烹饪方式。肉食经过烧烤以后，产生美拉德反应，香味扑鼻，让人难以拒绝。只是今天的科学家告诉我们，烧烤容易产生致癌物质，不能多吃。二里头文化的众多遗址都出土了烧焦的兽骨，其中以猪骨、牛骨占大多数。可以想象，二里头先民聚在一起席地而坐，大杯喝酒、大口吃烤肉的时

商代原始瓷尊，肩部与腹部有拍印细绳纹

商宰丰骨匕，下端用于舀取食物的部分已残缺，但仍可看出加工痕迹。骨匕上有记事刻辞，记录了商王赏赐臣子的故事

妇好墓出土的青铜三联甗

商晚期青铜兽面纹觚

候，一定和现代人喝酒撸串时一样畅快。

在丰富的物质基础上，我们的祖先开始将饮食器具从日常使用中抽离出来，赋予它们更高的地位，将其作为礼器使用。《左传·成公二年》记载了孔子说过的一段话："唯器与名不可以假人，君之所司也。名以出信，信以守器，器以藏礼，礼以行义，义以生利，利以平民，政之大节也。"这段话说的就是礼器和礼制对于国君与国家的重要性。礼器在春秋时期的崇高地位自然不是一蹴而就的，从二里头到商代的漫长时间里，一部分饮食器具逐渐具备了礼器的地位。二里头时期，就有陶、漆制的食器作为礼器使用。而在商代，尤其是殷墟时期，使用青铜礼器成了王公贵族的特权。商人重鬼神、重祭祀，他们用青铜器具盛放祭祀、宴会所用的食物，从而赋予了它们重要的礼仪属性。

一些饮食器具作为王公贵族身份的象征以及对死后生活的祈愿，跟着逝去的主人进入彼岸世界。商代的随葬品与墓主人生前的用品差别不大，所以可以通过随葬品观察墓主人的地位。从二里头文化的随葬品可以看出，当时人们已经有了明显的地位差异：贵族生前享受荣华富贵，死后也极尽哀荣，有青铜器、陶器、玉器等各式做工精巧的随葬品；而平民死后的随葬品很朴素，只是些日常用品，甚至没有棺木。二里头贵族墓葬的饮食器具组合，在岁月变迁中逐渐从"食酒并重"往"重酒"方向发展。酒器变多，甚至到了二里头文化末期，出现了只随葬酒器组合的墓葬。二里头崇尚酒器的风俗或礼仪还影响到了周边文化。内蒙古赤峰大甸子遗址的夏家店下层文化遗址中，一些贵族墓葬出现了与当地陶器风格迥异的二里头陶制酒器，它们很可能是来自中原的礼物。

到了商代，随葬品"重酒"现象更甚，而一套以随葬品数量区分人物等级的青铜礼器制度也应运而生。很可惜，随葬青铜礼器的商周墓葬自古以来就是盗墓贼觊觎的目标。殷墟遗址西北冈和西区的众多墓葬大多也已经被盗。在幸存的墓葬中，花园庄 M54 是相当耀眼的一座。这座墓葬规格仅次于妇好墓，其年代也与妇好墓相同，墓主人为一位战死沙场的高级武官。除了大量的青铜武器，此墓还出土了 43 件青铜礼器，包括 6 件圆鼎、1 件甗、1 件方尊、1 件方罍、3 件编铙以及 9 套觚与爵。可见觚和爵在当时已经成为青铜器组合的核心。考古学家想要判别墓主人的身份、地位，看一看墓中觚、爵之类的酒器数目即可。

妇好是商王武丁的王后，是一位能主持祭祀的重臣，还是一位真正能带兵打仗、上阵杀敌的女将，立下过赫赫战功。妇好墓是殷墟商代大墓中少数未遭到扰动或盗掘的，对于殷商考古有重大的意义。其中发现了觚 53 件、爵 40 件、斝 12 件，还有 3 只象牙制成的酒杯。墓中出土的青铜器 400 余件，总重更是超过了 1.6 吨，玉石器也有 600 余件，可见她生前的崇高地位。

由妇好墓的情况可以推测，商代诸王的墓葬应当拥有更为豪华的随葬品，可惜位于西北冈的王陵都已经被盗，随葬的青铜礼器的种类和数量不得而知。不过，一座王陵出土的司母戊大方鼎重量达 832.84 公斤，让我们得以管窥一二。而在王室成员之外，大部分被考古学家认定为方国君主或商王朝高等级贵族的，也都只有 9—10 套青铜酒器随葬，一些一般贵族墓只有 1—5 套，均远未达到妇好墓可以按照 50 套计算的规模。至于广大平民，则一般没有青铜酒器，只能用陶器。由饮食器具发展而来的礼器，其作为随葬品塑造的差异性结构，为我们还原了那个时代分明而森严的社会等级。

妇好鸮尊

两周：饮食的礼仪化

周人的农耕与饮食风貌

西周时期某一个夏天的下午,天气多云,正是适合务农的好时节。人们在田地里辛勤劳作,有的耕地,有的除草,都忙着自己的生计。忽然,农民们听到远方传来一声吆喝,于是拿着农具转身向另一片田地走去。他们穿过田间的阡陌小道,来到那片田地,找到了吆喝的人,还有其他乡里的同伴。他们自觉地分散开来,共同耕种这块不属于自己的田地——为了向封邑的贵族交税,他们已经习惯了这种做法。

若是从高处看下去,一片片田地之间的界限有点像"井"字。这样成块分布、中间由阡陌小道隔开的田地被称为"井田"。根据《孟子·滕文公上》的描述,一块九百亩的地以两横两纵的阡陌分隔成九块一百亩的地,周围八块分给八户人家,由他们耕种,收获由他们所有;中间的一百亩公田由他们耕种,收获归土地的所有者——诸侯或贵族。南宋学者戴侗在《六书故》中说道:"井本象井田之画。"这种制度就是汉代以来2000多年被人们反复传颂,并在宋、明、清三朝小规模实行过的"井田制"。

井田制是历史学界争讼不休的问题。吕振羽、范文澜、胡寄窗等人视之为"乌托邦""空想",而金景芳等人认为确有其事。《诗经·小雅·大田》有云:"雨我公田,遂及我私。"后来百姓专注开垦自家的田地,对于公田不再上心,这一制度便逐渐失效。进入春秋战国时期,各国开始了田赋改革,鲁国开始使用"初税亩"制度,放弃井田制,对所

陕西省岐山县出土"裘卫四器"之一——九年卫鼎，其铭文记载了西周土地交易之事，被认为是井田制崩溃的证据

陕西省岐山县贺家村出土的西周牛尊，青铜的牛，还有它背上的立虎盖钮都惟妙惟肖

湖北荆门响岭岗遗址出土的战国时期大铁锸

有占有土地者按面积收税；秦国著名的商鞅变法也"废井田"，井田制也就此退出了历史舞台。

关于井田制崩溃的原因，《汉书·食货志》记载为："周室既衰，暴君污吏慢其经界，繇役横作，政令不信，上下相诈，公田不治。"这可能是其中的一个因素。此外，井田制崩溃也可能是因为农业生产力的提升，而生产力提升的背后又是牛耕和金属农具的普及。孔子的弟子中，冉耕字伯牛，司马耕字子牛，古人名、字一般意义相关，所以牛毫无疑问在春秋时期已经当作耕作劳力使用。《国语·晋语》中，春秋晚期的窦犫评价晋国内战中战败出逃的范氏、中行氏"今其子孙将耕于齐，宗庙之牺为畎亩之勤"，也就是说这些逃走的世族子弟将本来是宗庙里的牺牲用来耕田，远离了富贵生活。这都说明畜力耕作在春秋时期已经大行其道，而牛耕的起源也势必更早。

西周时人们也开始使用青铜农具代替以往的石制农具。这些农具主要包括用于土作的铲、锄、镐、犁，用于砍伐的斧、锛，还有用于收割的镰刀、铚刀等。到了春秋时期，青铜农具的使用更为普遍，发现地点大大增加，出土数量明显增多，种类也更加丰富。到了春秋末期，铁制农具的普及进一步提升了劳动效率。河南辉县固围村战国时期的魏国墓葬出土了铁制的犁铧、铲、锸、凹字形铁口锄和镰刀，这些农具基本满足了人们的各种需求。河北兴隆的燕国冶铁遗址出土了多件用于铸造锄、镰、镢、斧等器具的铁范，其中约60%为农具范，不难想象当时铁匠铺的生产盛况。不过因为铁器容易锈蚀，考古发现的数量并不多。

两周时期，北方人的主食是黍与粟（稷），南方人的主食则是稻米。此外常见的主食还有麦、大豆（菽）等。《春秋》将麦的歉收或无法生长视为农业大事。大豆则是平民的主要食粮之一,先秦典籍常用"啜菽饮水"形容一个人的生活简朴或艰难。

南北主食的差异并不绝对,在淮河流域乃至部分长江流域,人们都种植粟,这是对新石器时代以来稻旱混作农业的继承。如安徽南部的宣城井水墩遗址西周晚期层,就发现了粟的种子;西周中期的湖北鄂州城子山遗址,也出土了近二百粒粟;在西周至春秋早期的江苏镇江丁家村遗址中,炭化粟粒更是多于水稻遗存。北方的民歌,如《诗经》中的《豳风·七月》吟唱道:"八月剥枣,十月获稻。"豳地在今陕西彬(音同豳)县一带。

粟在西周农业生产中居于重要地位,进入春秋战国后,它更成了粮食的代名词。粮食也成了政治与军事的重要组成部分。晋国饥荒时,晋惠公向秦穆公求援,秦穆公感叹晋国"其君是恶,其民何罪",仍然决定"输粟于晋";次年秦国饥荒时,晋国反而发兵攻打秦国。这给了秦国合乎道义的战争借口,奋勇反击,最终在晋惠公时期占领了晋国黄河以西的土地。

两周时期,蔬果种植和畜牧业也有了一定程度的发展。蔬果的种植逐渐独立为专门的园圃业。《周礼·天官冢宰》就区分了谷物农业与园圃业:"以九职任万民:一曰三农,生九谷。二曰园圃,毓草木。"据《论语·子路》记载,孔子区分了农、圃两个职业,前者种庄稼,后者种蔬菜。"五菜"亦即葵、韭、藿、薤(藠头)、葱,在两周时期得到了广泛栽培。《诗经》里记载的蔬菜,种类已经非常丰富,除上述"五菜",还包括菁菜、芥菜、芹菜、白萝卜、藕、姜、菱角、芋等。桃、李、梅、甜瓜、枣等水果也经常出现在《诗经》中。

甘肃省甘谷县毛家坪遗址出土的子车铜戈，系秦穆公时期重臣子车氏（又称子舆氏）家族的武器，上有铭文"秦公作子车用"，此处"秦公"即秦穆公

畜牧业的稳定发展，为社会各阶层提供了较为稳定的肉食来源。考古学家通过对发掘出土的人骨的稳定同位素分析来研究古人的饮食结构；近二十年来，这项生物考古学技术已得到广泛应用。利用同位素分析和考古发掘资料，能够有效还原上古时期的食谱。在两周时期的北方，以秦人百姓为代表的人群，其主要食物来源是自种农作物粟、黍、小麦等，以粟为主，同时也有猪、绵羊等家畜，他们从这些家畜中获得重要的动物蛋白。除了家畜，鱼也是人们常吃的食物。《诗经·陈风·衡门》提到鲂鱼与鲤鱼等鲜美名贵的食用鱼。周文王还在宫城里修建"灵沼"来养鱼。

有了足够的肉食来源，人们对于肉食质量的追求也达到了全新的高度。两周时期肉食的顶峰，无疑是周天子饭桌上的"八珍"，也就是八道顶级菜肴，它们分别是淳熬、淳毋、炮豚、炮牂、捣珍、渍、熬与肝胾。《礼记·内则》详细记载了这八道菜的菜谱，分别如下：

淳熬、淳毋：把煎肉酱分别放在稻米或黍米饭上，再浇上油脂。

炮豚、炮牂：用乳猪或母羊，宰杀后掏出内脏，把枣子塞进腹腔内，用芦苇编成的席子把它裹起来，外面涂上一层草泥，然后放在火上烤。等到泥巴烤干，剥掉泥，把手洗净，然后把皮肉表面上的一层薄膜搓掉。稻米粉加水搅拌敷在猪、羊肉上，放在小鼎中用油煎，小鼎中的油一定要没过猪或羊。然后搞来大锅，烧开水，将盛有小猪或羊脯的小鼎置于锅内，水面不超过小鼎的高度。连续加热三天三夜不停火，吃的时候再用醋和肉酱来调味。

捣珍：取用牛、羊、麋、鹿、麇的里脊肉，后四种肉的分量与牛肉相等，反复捶打，去除肉的筋腱部分。煮熟后再去掉肉膜等难以食用的部分，然后用酱汁调拌而成。

渍：必须用新宰杀的牛肉，将其切成薄片，注意要切断肉的纹理，然后浸泡在美酒里，一天一夜以后，用肉酱、醋或梅浆拌着吃。

熬：烧熟牛肉后，捶去肉膜，将肉放在芦苇铺成的垫子上，把桂屑和姜屑洒在上面，撒盐腌制、晒干，就可以吃了。想吃点湿润的肉，那就用水润湿，配合肉酱煎着吃；想吃干肉，就再捶捣一下。

肝膋：用狗的肠油把狗肝包起来，再用肉酱拌和湿润，放在火上烤，等到脂肪烤焦，肝也就熟了。还可以配上狼油，与白米粥一起食用。

此外，还有一道糁，是搅拌同等比例的牛、羊、猪肉，再加入稻米，米与肉的比例为二比一，拌合成糕饼状，然后用油煎。

这些菜大致代表了春秋战国时期厨艺的最高水平。"渍"里面用到的切断牛肉纹路的"逆纹切"，直到现在也是切牛排、牛肉的重要技法。

如果换成现代人的语言，那么这些菜分别是肉酱盖浇饭、烤乳猪与烤羊、酱拌里脊肉、酒渍生牛肉片、五香牛肉干（附肉酱，可以蘸酱煎着吃）、烤狗肝与混合肉饼。除了生牛肉与烤狗肝可能让一些人望而却步，其他几道听上去就让人颇有食欲。

不过，"八珍"这种顶级肉食是天子、王公贵族或高级大臣才能享用的珍馐，当时的普通百姓还是很难吃到的。《国语·楚语下》明确指出："天子举以大牢，祀以会；诸侯举以特牛，祀以太牢；卿举以少牢，祀以特牛；大夫举以特牲，祀以少牢；士食鱼炙，祀以特牲；庶人食菜，祀以鱼。"百姓吃的是蔬菜，祭祀用的是鱼。

《左传·庄公十年》记载了著名的曹刿论战，故事的开头是：

十年春，齐师伐我。（鲁庄）公将战，曹刿请见。其乡人曰："肉食者谋之，又何间焉？"刿曰："肉食者鄙，未能远谋。"

曹刿与他的老乡称呼鲁庄公及其他掌握军政的权贵为"肉食者"，带有明显的区分意味。西汉时期成书的《说苑·善说》记载了一个晋献公的故事：晋献公面对东郭百姓祖朝的进谏，起初只是不屑地说："肉食者已虑之矣，藿食者尚何与焉？"普通百姓吃的是"藿"，也就是豆叶，与肉食者们吃的大鱼大肉判然有别。结合考古资料，我们可以得出这样的结论：两周时期畜牧业的受益者虽然并未排除百姓，但主要还是王公贵族等。那些最为美味的肉食——比如现代人可以随便吃到的油焖肉酱盖浇饭——依然是两周王公贵族的特权。当然，那时候的肉食没有今天的好吃，因为没有辣椒，也没有大蒜和胡椒。

五味俱全

随着农业与畜牧业的不断发展，两周时期的人们对食物味道的追求也有所突破，更多调味料进入了人们的日常饮食生活中。有些调味料如盐与醋，今天仍在广泛使用，有些则逐渐被替代，退出了历史舞台。我们现在熟悉的"酸甜苦辣咸"，在两周时期，除了"辣"以外，都已经很常见。当时还没有出现辣椒，只有传统的"辛"可用。

人们的生活离不开食盐。对于历朝历代的统治者来说，食盐供给与贸易都是国家的命脉。《左传·成公六年》说"山泽林鹽，国之宝也"，"鹽"就是盐池的意思。甲骨文里面没有"盐"字，但有"卤"字，比起现在一粒粒盐的结晶，卤更接近天然的盐块。一片卜辞上写着"卤小臣其有邑"（《甲骨文合集》5596），说的是商王占卜询问上天，管理盐业的小官能否有一片自己的封地。可见商代已经有了盐官，而且盐官也有一定的地位，从而能让商王考虑封地这种大事。周朝继承了商朝对食盐的重视，山西翼城大河口墓地出土过三件西周时期的霸伯山簋，盖与器底的铭文相同，均为"唯十又一月，井叔来奉卤"。铭文讲述的是西周大臣井叔到霸国求取已经收获的盐。

人们也用食盐来制作其他咸味的调料，其中较为普及的是醢，即肉酱。按照东汉学者郑玄记载的"菜谱"，制作醢的方法是先将肉类曝晒成干，切碎，然后放在小口的坛子里，加入粱曲及盐，渍以美酒，放上一百天左右就好了。这样做可以抑制微生物的繁殖，所以醢大概是作为一种保存食物的手段诞生的，之后慢慢演变成调味料乃至菜肴。大多数肉类都可以制成醢，大到猪、牛，小到蜗牛、蚂蚁卵都可做成醢，因此醢是各个社会阶层都能享用的调味料。《国语·楚语》云："笾豆、脯醢则上下共之。"

可能出乎一些读者的意料，在当时的人看来，与咸味几乎同等重要的是酸味。先民常常把"盐梅"并举，它们是最早使用的调味料。远在新石器时代早期，人们就开始使用梅来调味，距今7000年的河南新郑裴李岗遗址就出土过梅核。周朝人吃肉，依然喜欢用梅子调味，还发明了浓缩的梅子汁，叫做"醷"。用酸口的梅子汁给肉调味，似乎与今天西餐往肉食上挤柠檬汁的做法共通。河南信阳长台关楚墓与湖北荆门包山楚墓均是战国时期的墓葬，都出土了"遣策"（或作"遣册"），即古人记录随葬物品的清单，两份清单也都列上了"梅"。

早期的醋，在周代也已经出现，当时叫"醯"。周朝宫廷的食官中有醯人，专门负责做醋，用来祭祀祖先和招待宾客。醯大概是介于米酒与米醋之间的产物。周朝人调制羹汤，有时就加入醯来调味。关于醯，《论语·公冶长》记载了这样一则故事：有人向微生借醋，他却用去邻居家借来的醋来装作自己有醋，孔子因此批评微生不正直。这也说明醯在当时是平民百姓消费得起的调味料。

然而，两周遗址出土较多的调味料，既不是咸盐，也不是酸梅，而是香辛料，也就是花椒。当时的花椒既是调味料，也是香料，既用于为菜肴添味，也用于为人留香。《九歌·东皇太一》唱道"蕙肴蒸兮兰藉，

刻有铭文的霸伯山簋

固始侯古堆一号墓铜盒，出土时装有花椒

奠桂酒兮椒浆",就是用泡了花椒与桂花的美酒来祭奠。在祭祀用酒里浸入花椒,很可能是防止祭品腐坏,而花椒防腐除臭的功能似乎也运用在了人体上。考古学家在河南殷墟花园庄商代晚期亚长墓主人的身体下方,发现了大量炭化花椒。墓主人原来是一位来自南方的高级武将,因多处受伤而亡。考古工作者在他的股骨、肱骨和髂骨上发现了多处刀斧造成的砍伤、戈矛造成的刺伤。这些花椒可能是为了防腐。河南信阳固始侯古堆的春秋晚期墓葬曾出土一件有盖紧扣的铜盒,装有大半盒花椒,这大概就是作为香料使用,而非调味料或防腐材料。战国前期的曾侯乙墓更是出土了五百余粒花椒。包山楚墓里的遣策上记载有姜、葱菹等香辛料,同时发现写有"姜"字样的竹制签牌。考古学家也确实在墓中的竹笥里找到了姜。

比起上述的咸、酸、辛三种味道,甜味与苦味的调料在两周乃至整个先秦时期就稍逊一筹了。甜味,先秦时期普遍称为"甘"。《礼记·内则》记载:"枣、栗、饴、蜜以甘之。"前两种都是水果,严格来说不算调料,饴与蜜才真正算是。周朝人并没有养殖蜜蜂,所以这里的蜜大概是野生的。饴,也就是麦芽糖,是用芽米或麦芽熬制而成的,是较为常见的甜味调料。除此之外,还有一种甜味调料就是蔗浆。《楚辞·招魂》提到"胹鳖炮羔,有柘浆些",指的是把熬制甘蔗得到的蔗浆涂抹在鳖或者羊羔上,然后烹饪。

苦味的调料就更少了。荼,也就是苦菜,是其中比较明确的一种,但在先秦的记载很少。马王堆汉墓里的简牍提到了牛苦羹、狗苦羹这些苦羹,研究者认为是一种放了苦菜叶(可能是荼叶)的肉汤。也有人认为酒是一种苦味调料,但这更常见于药酒,而非普通饮食。人们都熟悉"良药苦口利于病"这句俗语，而在先秦两汉时期，"良药"也可以用"药酒"来替换。西汉桓宽的《盐铁论》就曾提到："夫药酒苦于口而利于病，忠言逆于耳而利于行。"这也说明了有些酒是带有苦味的。

以上史料反映出来的两周时期的调味料虽然远远不如后世丰富，但是比起史前时期，已经算得上五味俱全了。战国时期的《荀子·礼论》提出了"五味调香，所以养口也"——人们通过调和五味来滋养口舌肠胃。这确实是中国人的调味准则，两千多年来也没有什么大的变化。

西周涡纹"祖癸乙"铜盉

山西省大同市浑源县李峪村出土的春秋晚期镶嵌狩猎画像纹豆

虢国墓地虢国国君墓 2001 号墓出土的虢季鼎

饮食之礼

中国人吃饭，从小到大都有长辈手把手地教各种规矩：让老人家坐主座、先动筷子，筷子不要插在饭上面，夹菜的时候不要盯着一个菜猛吃，吃饭不要出声、不要左顾右盼，给他人斟茶、倒水、盛饭都不能满……这都是听得耳朵快要起茧子的规矩。究竟是从什么时候开始有这些规矩的？答案是至晚在两周时期，我们的祖先就开始讲饮食礼仪了。《礼记·礼运》说"夫礼之初，始诸饮食"，意思是讲礼仪，就从饮食礼仪开始。

《论语·为政》有载："殷因于夏礼，所损益，可知也；周因于殷礼，所损益，可知也。"也就是说，周代的礼仪是继承了夏、商礼仪而做了增减改造的版本。周代对于商代饮食礼仪最显著的改造，莫过于相传周公所作的《酒诰》。这可能是中国历史上流传下来的最古老的禁酒令。《酒诰》把商代灭亡的原因怪罪到酗酒上。但它也不是要彻底禁酒，而是希望人们饮酒要适度，要守规矩，不要贪杯，告诫大家终日沉湎饮酒会耽误正事。商人爱酒、酗酒，考古工作者在商人的墓葬与其他遗迹中发现了大量青铜或陶质的酒器。在殷墟四期的墓葬中，出土的酒器占所有青铜礼器的近七成。西周中叶以后的随葬品中，酒器变少了，取而代之的是鼎、簋、盘、匜、壶等食器和水器，随葬品组合也因此由"重酒"转向了"重食"。不过，西周末年，酒器又逐渐增多，这也预示了周礼的衰败。

周公制礼作乐，有周一代相当重视礼乐教化，关于饮食礼仪的记载有颇为丰富的遗存。这些规矩大多写在了"三礼"，也就是《周礼》《仪礼》和《礼记》这三部经典之中。具体到如何上餐进餐，"三礼"的规定更是细致到了极点。主人、宾客以及后勤团队所有人的一举一动，如何进入位置席地而坐，摆放菜肴的次序与方式，人与物的朝向，需要做的礼仪动作……都做了明确的规定。比如说，席地而坐时，人们按照身份依次而坐，坐姿要求双膝跪地，切不可两腿分开、平伸向前——要知道荆轲刺秦不成，最终辱骂秦王政，就用的这个极度不合礼法的姿势，侮辱性极强。又比如，每个人因身份不同，席地而坐时所能使用的坐席重数不同："天子之席五重，诸侯之席三重，大夫再重。"面前摆放的食具数量也不同："天子之豆二十有六，诸公十有六，诸侯十有二，上大夫八，下大夫六。"这都体现了饮食礼仪具有明确的等级差异。

考古发掘所能发现的饮食礼仪，最直观的体现是在随葬的饮食器具上。两周饮食器具中最具代表性的无疑是鼎和簋以及随之而来的列鼎列簋制度。早期两者都可盛放肉食，但西周中期之后，鼎用来盛放肉食，簋用来盛放饭食，分工逐渐明确，不相混杂。列鼎或列簋的形制相同，纹饰一致，鼎的大小呈递减趋势，而簋的大小相同，两者与其他青铜礼器组合成套，用以祭祀或者宴飨而摆列在宗庙或殿堂中。它们作为礼器组合大致在商代晚期逐渐形成，并在西周末期至春秋早期趋于完善。

列鼎列簋有一定的数量要求，列鼎的个数通常为奇数，而列簋的个数通常为偶数。俞伟超和高明根据先秦史料和考古资料，还原了天子九

举世闻名的曾侯乙编钟

鼎八簋、诸侯七鼎六簋、卿大夫五鼎四簋、士三鼎二簋的列鼎列簋制度。但两周时期的考古发现并不完全与之吻合：陕西甘泉县阎家沟商代墓葬出土了三件简化兽面纹鼎，形制、纹饰相似，大小相次，已经符合列鼎的定义，说明列鼎制度在商代就已经出现了；平顶山应国 M84 号墓主是西周中期某一代的应侯，但是只随葬了两件鼎，不合上述礼制中任何一条；山西曲沃北赵村的天马遗址是周代晋侯的墓地，其 93 号墓推定为春秋初年晋文侯的墓葬，出土五鼎六簋，虽然符合奇偶的要求，但不符合身份。不过，河南陕县上村岭的虢国国君墓 2001 号墓出土七鼎六簋，就符合"诸侯七鼎"的规格。以上种种情况说明，两周时期贵族墓葬随葬的鼎和簋的情况很复杂，并非完全符合标准的列鼎列簋制度。

祭祀中的饮食礼仪在周代礼乐制度中至关重要。提起祭祀这个词，大家难免感觉离自己的日常生活太遥远，为数不多能想到的内容，就是扫墓时给祖先奉上的供品。只不过，如果两三千年前的先民们看到现代人祭拜祖先时只摆些水果、糕点，怕是要怒斥他们大不敬了。

比起商人祭祀时动辄使用几十头，甚至成百上千头牛的盛况，周人的祭祀花费就相当节制了，这大大减轻了人民的负担。《尚书》记载，周成王在洛邑举行冬祭，祭祀祖父文王与父亲武王，也仅仅各用了一头红毛的牛。这个规模与现代一些较为隆重的祭拜仪式就很接近了，当然比起商王的祭祖活动就显得"寒酸"了很多。祭品数量的节制，其原因自然不是周代畜牧业产量的倒退，而是周人对于祭祀的态度发生了变化。《礼记·表记》记载，商人"尊神，率民以事神，先鬼而后礼"，周人则与之相对，"尊礼尚施，事鬼敬神而远之"，将礼制的地位拔高，超越了鬼神。周人以现世的礼法制度约束大众，而非依靠崇敬鬼神的力量凝聚人心，因此不再热衷于使用豪华的祭品。

与礼法制度相适应，周人建立了一套实践与理论相结合的祭祀制度。周人处理祭品的手段主要是腥、肆、爓、腍，分别是使用生肉、切割祭品、在肉汤里煮到半熟、煮到全熟。祭祀用什么部位，周人也有一套完备的理论体系：用牲畜的毛、血祭祀，是因为毛代表外，血代表内；毛血俱在，象征祭品内外齐全完备；用肺、肝、心祭祀，是因为它们能够产生精气；用黍、稷配上牲畜的肺，用五种酒配上清水，用来报答阴阳中的阴气；焚烧牲畜的肠油，架起它的头，用来报答阳气。因此，虽然周人的祭祀规模减小了不少，但其祭祀理论趋于完善，处理祭品更为精细，能够提升祖先神灵们的"感知度"。

准备好了祭品，向谁祭祀也是个问题。令人惊讶的是，现代人的做法更接近商人，而非周人。商人祭祀的对象是牌位，和现在寺庙里摆的牌位接近。安阳后冈的一座商代贵族墓葬出土了几件玉柄形器，上面留有朱书，写着"祖庚""祖甲""祖丙""父辛""父癸"等祖先庙名，大概率是商人祭祀的牌位。

周人祭祀的对象就不仅仅是牌位了，还有"尸"。大家看到这个字可能会吓一跳，但它不是字面意义上的尸体，而是活人，是指由祭祀对象的孙辈来扮演自己的祖辈。参与祭祀的其他人向"尸"举起酒杯致意，然后"尸"接受祭品，带领大家一起按照顺序喝酒、吃祭品，直到漫长的仪式结束。秦统一天下后，"尸"相关的礼仪就逐渐衰落了。西汉大臣朱云批评朝中很多人"尸位素餐"，占着位置吃白饭不干事，"尸"在当时的风评也就不难想象了。后来的人们就把"尸"的位置取消了，还是采用祭拜牌位的方式。

周人祭祀时需要音乐助兴，这是继承了商代贵族"尚声"，用音乐"诏告于天地之间"的思想。商代出现的成套编钟在西周时期更为成熟。春秋战国时期，作为祭祀礼仪的音乐被引入到贵族饮食礼仪中。最为豪华的成套乐器出现在湖北随州曾侯乙墓的中室。在这里，与代表墓主人的九鼎八簋一起，摆放了一套六十五件大小有序、音域宽广的编钟和一套编磬。它们与建鼓、琴、瑟、笙、箫、篪等众多乐器一起，涵盖了打击、吹奏、弹拨等类型，形成了一支相当规模的乐队。按照《左传·襄公三十年》的记载，"郑伯有耆酒，为窟室，而夜饮酒，击钟焉，朝至未已"。以音乐伴奏宴席的"钟鸣鼎食"之景，成了贵族生活的奢靡常态。

不同阶层的祭祀礼仪，也是严格区分开来的。根据《礼记·王制》的记载，天子祭社稷的"太牢"（又作"大牢"）用牛、羊、猪各一只，诸侯就不能用牛，只能用羊与猪，称作"少牢"，以示差别。但是在《大戴礼记》中，这种制度就变成了"诸侯之祭，牲牛，曰太牢；大夫之祭，牲羊，曰少牢"——诸侯也可以用牛来祭祀，也叫"太牢"，与天子无异。周公、孔子等圣贤心目中的礼仪制度终究是理想。实际上，有关饮食与祭祀礼仪的记载存在模糊乃至相互矛盾之处，这类问题在先秦史籍中屡见不鲜。

在西周末期及春秋时期，饭桌上的礼仪逐渐衰退，反映了礼崩乐坏的大体趋势。这意味着周王朝失去了对诸侯国的控制能力，诸侯的生活相对西周时期更加奢靡。据《史记·滑稽列传》，"齐威王……好为淫乐长夜之饮，沉湎不治"。这显然与《酒诰》的要求大相径庭，而颇有末代商王纣的味道。在饮食礼仪之外，春秋战国时期的诸侯也早就逾越礼

新郑郑韩故城出土的蟠螭纹铜鼎，是一组列鼎中的一具

法，肆意妄为。鲁国卿大夫季氏就敢"八佾舞于庭"，一个卿大夫上面还有本国的国君，都敢使用周天子的乐舞，完全不把礼仪制度放在眼里。孔夫子怒斥道"是可忍，孰不可忍"，但可惜他犹如螳臂当车，阻挡不了礼崩乐坏的趋势。

不守礼仪的最严重后果，就是《左传·宣公四年》记载的一桩命案。郑灵公召开宴会，餐桌上有甲鱼汤。灵公召来了大臣公子宋，却故意不分给他汤。公子宋"怒，染指于鼎"，用手指蘸了鼎里的汤，扬长而去。这下君臣关系就破裂了，公子宋与另一个大臣公子家同谋，弑杀了灵公。"染指"一词也起源于此。因为自己不讲礼仪而遭到弑杀，代价实在过于惨重。这件餐桌上的奇闻，正是礼乐制度崩溃后，"君君臣臣"的政治秩序崩溃的真实写照。

与饮食相关的礼制终究崩塌了，但周人有一些最基本的礼仪要求，倒是传到了现在。《礼记·曲礼上》中就有几句：

> 毋抟饭，毋放饭，毋流歠，毋咤食，毋啮骨，毋反鱼肉，毋投与狗骨。毋固获，毋扬饭。饭黍毋以箸。毋嚃羹，毋絮羹，毋刺齿，毋歠醢。

吃饭时不要"放饭""反鱼肉"，就是不要拿了饭菜又放回去；不"咤食"，就是吃饭时不要发出咂吧嘴的声音；不要"固获"，就是不要只想吃独食，甚至抢其他人吃的食物。"毋投与狗骨"也直白易懂，就是不要把不爱吃的骨头扔给狗吃。这些最基本的礼仪能够流传至今，无疑是因为它们合乎人们朴素的共识。

在之后的岁月里，贵族饮食或祭祀礼仪与周代礼制渐行渐远，而更看重人际关系。"礼不下庶人"的岁月一去不复返了。抛开了等级制度与祭祀功能的餐桌礼仪完成了一次去粗取精，在后世真正地"飞入寻常百姓家"，一直保持着旺盛的生命力，流传至今。

饮食中的哲思

　　春秋战国时期，诸子百家的学说精彩纷呈，深刻影响了中华文明的发展轨迹。有趣的是，儒家、道家、法家、墨家、杂家等各家学说之中，不乏以饮食为喻，或从饮食中提炼出哲思的。这些学说直到今日依然掷地有声，让人受用。

　　对于个人生活来说，虽然目的不同，但诸子百家都赞同饮食应当节制、克己。孔子提倡饮食乃至全方位的简朴，他在《论语》中说道：

　　　君子食无求饱，居无求安。（《论语·学而》）

　　　饭疏食、饮水，曲肱而枕之，乐亦在其中矣。不义而富且贵，于我如浮云。（《论语·述而》）

　　　子曰："贤哉回也！一箪食，一瓢饮，在陋巷。人不堪其忧，回也不改其乐。贤哉回也！"（《论语·雍也》）

　　孔子也强调饮食需要合乎礼义，不吃不合礼法或者明显变质的食物。只要合乎礼义，就算饮食素朴、生活贫穷，儒者也心甘情愿。荀子认为饮食是人的本能，但因为人性本恶，所以需要礼制来约束本能，从而"养人之欲"，按照贵贱、长幼等差别获取自己应有的待遇。

郭店楚墓出土的《老子》简牍

道家是诸子百家中最排斥物欲的。他们十分抵触对于衣服、装饰、音乐、美食的追求，认为只满足生活最基本的物质需求，才能更加接近大道。《老子》十二章以一种夸张的反差论述了这一点：

　　　　五色令人目盲；五音令人耳聋；五味令人口爽；驰骋田猎，令人心发狂；难得之货，令人行妨。是以圣人为腹不为目，故去彼取此。

　　圣人做到了排除来自感官与物欲的干扰，满足内在于"腹"的精神修行，这种做法是道家推崇的。老子的后继者在这一思想上更进一步。《庄子·天地》将"五味浊口，使口厉爽"列为"失性"，亦即丧失人天性的一种罪过，直接将其斥为"生之害也"。

　　在其他各家中，法家的韩非子推崇减少物欲、过朴素生活："欲利之心不除，其身之忧也。故圣人衣足以犯寒，食足以充虚，则不忧矣。"饮食饱腹即可无忧，无需追求更高级的美味。墨家从反面论证吃得太饱，反而伤害身体。《墨子·经说下》云："饱者去余，适足，不害。能害，饱，若伤麋之无脾也。"杂家吕不韦提倡约束口舌等器官之欲望，从而修身养性。《吕氏春秋·贵生》有述："耳虽欲声，目虽欲色，鼻虽欲芬香，口虽欲滋味，害于生则止。在四官者不欲，利于生者则弗为。……耳目鼻口，不得擅行，必有所制。……此贵生之术也。"

　　诸子百家的政治思想中也有饮食的位置。民生与饮食息息相关，诸子论政治，也都以民为本，强调保障农业发展、守护粮食安全。《管子》这部法家著作反复凸显了农业的重要性。"五谷食米，民之司命也""一年之计，莫如树谷"这些经典语录都出自《管子》。孟子强调"不违农时，谷不可胜食也"，其前提是君主减轻兵役、徭役等妨碍农活的劳役，从而让农业生产符合时节气候，就可以产出足够的粮食，让人民生活安稳富足了。

主张"民贵君轻"的思想家，在强调粮食安全重要性的同时，也号召贵族节俭饮食，呼吁君主实行仁政。孟子是"民贵君轻"思想的代表人物，在抨击贵族浪费方面，言辞极为激烈："庖有肥肉，厩有肥马，民有饥色，野有饿莩，此率兽而食人也！"墨家也重视君主的"节用"和"节葬"。《墨子·辞过》明确提出："君实欲天下治而恶其乱，当为食饮，不可不节。"

诸子百家大多使用比喻说理，一些思想家就从饮食，尤其从烹调之术出发，探讨治国的政治哲学。当时盛传伊尹本来是厨师，太公望本来是屠夫，最终都成为开国君主的良臣。而齐桓公宠幸厨师易牙，最后反被囚禁饿死，则是反面典型。因此，春秋战国的思想家们觉得治国与饮食烹调有内在的关联，也就不是什么稀奇的事情了。

《老子》中著名的"治大国若烹小鲜"，指的并非治理国家如同做小菜一样轻而易举，而是应当秉持无为之治：如果治国像做菜一样，总是翻动里面的鱼肉蔬菜，那么反而会扰动民生。《吕氏春秋·本味》设想了一段商汤与伊尹的对话，伊尹从厨师的角度出发，向汤介绍了调味的奥秘：

> 凡味之本，水最为始。五味三材，九沸九变，火为之纪。时疾时徐，灭腥去臊除膻，必以其胜，无失其理。调和之事，必以甘酸苦辛咸，先后多少，其齐甚微，皆有自起。鼎中之变，精妙

微纤，口弗能言，志不能喻。若射御之微，阴阳之化，四时之数。

在吕不韦及其门客的设想中，在鼎中调味是极其精妙的事：以水为起始，以火为纲纪，遵循烹饪的道理，才能调和味道。治国亦如此，一个人必先自己知晓天道，修道而成"天子"，自己的道行完满，才可以治理天下。《吕氏春秋》想要叙述的圣王之道，俱在鼎中矣。

秦汉：饮食盛宴与文化交流

马王堆汉墓的饮与食

在西汉惠帝当朝的一日，一位贵族在长沙的居所中照例举行了宴会。他的妻子和他跪坐在同一块竹席上，面朝东边，身前的托盘、碗盘、酒杯都漆上了深红色与黑色相间的花纹，显得瑰丽而浪漫。他身前左边的盘中放着鹿肉，因刚烧烤出来而香气喷喷，上覆一层酱汁；右边则是滚烫的肉羹，杯中盛满了玉色的清酒，放在最边上的是葱等调料。他忽然站起来，为宾客们敬酒；所有客人见状立刻离开席位，伏在地上，显示出极恭敬的姿态。他连饮数杯，显得很高兴，居然亲自用长沙的方言唱起了歌，还随着节奏翩翩起舞。他的妻子与宾客都应和着他，仿佛要将各种各样的烦恼忘记，尽情地陶醉在这场热烈而欢乐的派对中。

这位贵族是当时受封为长沙国的丞相、轪侯的利苍，而他的夫人则是尸体历千年而不腐的辛追夫人，和他一起合葬在著名的马王堆汉墓之中。这场宴会未曾记载于历史典籍之中，但我们可以从马王堆汉墓出土的遣策上推断这场宴会的经过。遣策记载了许多西汉长沙地区的食物，总共达一百五十多种。其中主食、副食一应俱全，可见两千多年前我们的祖先所能吃到的食物种类已相当丰富。此外，马王堆汉墓还出土了各类色彩靡丽的食具，包括漆盘、漆杯、漆勺、漆匕、陶壶、陶鼎等，反映了当时先进的制造工艺。

汉代称农业为"天下之大业"，极重视种植业、畜牧业、园圃业与渔业的发展。今天我们耳熟能详的"民以食为天"的说法，就出自《史记·郦生陆贾列传》。

汉代的南方人以稻米饭为主食。在马王堆汉墓的遣策上，写有"稻白秫二石"和"稻白鲜米五石"两类稻米。它们分别指黏黏的糯米与不黏的籼米。从数量上看，籼米大概比糯米更受欢迎。张家山、凤凰山等各地的汉墓遣策也提到了"秫米""白稻米"。从遣策来看，南方人爱吃各种由稻米加工的饼。马王堆一号汉墓的遣策上就出现过"居女一笥"的字样，"居女"即"粔籹"，是楚地常见的一种食物。《楚辞·招魂》也有"粔籹蜜饵"一词。东汉王逸解释道，这种食品用蜜和米粉熬煎而成，想来是很好吃的。此外，还有鸡蛋饼、米饼等食物。这些食物虽然从今天的眼光来看还很粗糙，但标志着我国食品加工技术在汉代的一大进步。

随着社会发展，用来下饭的肉食也逐渐丰富。除了最常见的"六畜"之外，马王堆汉墓遣策中出现最多的兽类竟然是鹿，次数多达十二次。今天湘地的鹿早已绝迹，但在当时可能是一种很常见的动物。他们对肉食也有很精致的处理方式，或者蒸煮，或者制成腊肉，或者用来烧烤，或者直接做成肉酱与肉羹。秦汉人还很爱吃动物的内脏。居延汉简就记载了一名戍卒曾经食用动物的胯部与头部，还记载了肚、肠、肾等动物内脏的买卖活动。而马王堆汉墓出土的医书《五十二病方》提出，各类动物脏器具有养肝补血、扶正壮阳、滋补肾阴肾阳等功效。可见汉朝先民通过食用动物内脏，希望达到"以脏补脏"的效果。这一中医理念直到今天依然为许多人奉为圭臬。

马王堆汉墓出土的漆鼎

马王堆出土的"君幸酒"云纹漆耳杯

除肉类以外，各种蔬菜瓜果也有繁多的品类。单论蔬菜，马王堆汉墓遣策记载的就有笋、芋、藕、蘘（艾蒿）、葵、白菜、襄荷、黄卷（黑豆芽）与芜夷九种。其中最值得一提的是葵。葵在当时是极普遍的蔬菜，大江南北都有种植。南方的马王堆一号墓就出土了葵籽，而西北的居延汉简记载，在某亭种植的十二畦（一畦为 3.3 万平方米）菜中，七畦为葵，五畦为葱和韭菜。三种都是汉代的常见蔬菜。汉魏乐府也经常出现葵菜的身影，如《长歌行》中的"青青园中葵，朝露待日晞"两句，早已为我们耳熟能详；而《十五从军征》描绘了一位老兵孤独地将井上野生的葵菜采摘下来，作为羹的配料食用。蔬菜是汉朝平民最常见的副食，在先秦两汉的典籍中被称为"疏食"，被士人寄托了丰富的象征意义。孔子"饭疏食饮水"，孔门弟子季次、原宪"终身空室蓬户，褐衣疏食不厌"，将"疏食"作为日常饮食，是安贫乐道的儒者节操的体现。而东汉的士人群体也通过食用"疏食"来彰显自己清廉俭约的名节，获得被"征辟"以入仕的资格，在当时形成了一种风气。

至于酒，秦汉人更是热爱至极。上至皇宫，下及平民百姓，凡遇婚丧嫁娶、送礼待客，无不用酒，以致"百礼之会，非酒不行"，《汉书·食货志》更称酒为"天之美禄"。马王堆汉墓遣策记载的随葬用酒就有白酒、醳酒、肋酒、米酒四种，其中醳酒与肋酒就是用黍、稻等粮食酿成的清酒。此外，马王堆汉墓也出土了各种酒器，如盛酒的漆钟、温酒的壶和樽与饮酒的耳杯。饮酒的风尚还孳生出行酒令这一娱乐活动。在长沙马王堆三号汉墓发现了一套六博用具，而六博正是汉代人极为痴迷的棋类游戏。汉墓的壁画中也有投壶与六博的画像，正如汉代《古歌》所描绘的那样，"投壶对弹棋，博弈并复行"，可以说，酒是汉代人自娱娱人时必不可少的饮品。

　　在欢乐奔放的一面之外，汉代宴饮也有非常严格的"酒桌文化"。宴会座次的顺序就极其讲究，体现出尊卑贵贱之别。我们在前面描述了轪侯利苍在居所中举行的宴会：利苍与妻子辛追夫人坐西朝东，居于宴会中最尊贵的西面。而在秦末的鸿门宴上，项王与项伯也是"东向坐"，只让刘邦坐南朝北，其地位更低于坐北朝南的亚父范增。这说明项羽并未视刘邦为贵宾，而将其当作较有身份的下属。张良的位置是坐东朝西，显得极卑微。《史记》中甚至只称其为"侍"，而不像其他人一样称"坐"。

　　一个人如果公然违反酒席上的礼仪，就可能承受意想不到的严重后果。吕后有一次大宴群臣，令刘邦的孙子、朱虚侯刘章为监管酒桌礼仪的"酒史"。当饮酒至高潮时，刘章发现吕氏家族有一人擅自离席，直接追上前去一剑将其杀死。回来他向吕后报告："刚才有人逃席，微臣已按军法处置。"这虽然是刘章借题发挥铲除诸吕，但吕后也无可奈何。不同于轪侯利苍酒宴中觥筹交错的欢悦，无论秦末鸿门宴上的"项庄舞剑"，还是汉初刘章的"军法行酒"，庄严肃穆的礼仪背后往往掩藏着杀机，上演着一幕幕惊心动魄的政治博弈。

小麦在汉代的迅速扩张

马王堆汉墓出土的大量饮食遗物生动地展示了汉代南方人以稻米为主食的饮食习惯。我们或许会按照中国"南稻北麦"的饮食格局，推想当时北方人的主食是小麦。但是实际上，在西汉武帝以前，小麦的主产地仅限于黄河下游的"东方"地区。毕竟小麦是一种需水量较大的作物，当时黄河上游和关中地区的降雨量略显不足，所以古代先民主要种植耐旱的粟。到西汉武帝时期，被誉为"王佐之才"的学者董仲舒恰好来自广泛种植小麦的关东地区。他鉴于"关中俗不好种麦……而损生民之具"的情况，建议武帝推广种麦。在其后的汉成帝时期，在著名农学家氾胜之的推动下，小麦尤其是宿麦（冬小麦）的种植，在关中这一汉朝的政治中心逐渐得到推广。

那么，为什么汉帝国要在关中地区推广冬小麦呢？《盐铁论·园池》指出："三辅迫近于山河，地狭人众，四方并臻，粟米薪菜不能相赡。"当时关中人口密集，已经出现了明显的粮食短缺困境，从外地漕运粮食也无法满足如此庞大的需求，且成本过高。在这种"粮食危机"下，汉代统治者自然将目光投向了小麦。而且，冬小麦因其秋种夏收的特殊生长周期，可以在秋季河汛后播种，又能在雨季到来之前收获，从而完美地避开水灾。《汉书·武帝纪》载元狩三年（公元前120）"遣谒

东汉绿釉陶磨坊

河南洛阳金谷园汉墓出土的陶仓，上有粉书隶体"大麦万石"四字

者劝有水灾郡种宿麦"，将宿麦当成了黄泛区赈荒救灾的重要粮食。更何况，冬小麦与粟、菽等春种夏收的作物在生长周期上正好错开，可以搭茬实现轮作多熟。如此种种优势，使得小麦具有"接绝续乏"的重要价值，使得汉代关中地区的人民在很大程度上摆脱了食物匮乏的厄运。

为了在关中地区推广小麦，西汉政府大兴水利。汉武帝在关中兴建了洛水下游东岸的龙首渠、渭水北岸的六辅渠、由长安城西北通往黄河的漕渠以及白渠、灵轵渠、成国渠等大规模水利工程，合称"关中六渠"。其中龙首渠是中国第一条地下渠，它采取井渠法将水流导引向更高处的冬小麦田地。这是中国水利灌溉工程的一大创举，因此入选了世界灌溉工程遗产。关中地区农田的灌溉条件因工程的修建得到了极大改善。长安的漕渠能灌溉田亩上万顷，使"渠下之民颇得以溉矣"，解决了当地冬小麦需水量大的难题。文景之治后因人口大幅度增长而导致的粮食短缺压力得以缓解。

陶仓（囷）是一种仿制粮仓的丧葬器物。两汉时期的陶仓往往标注粮食的名称和数量。洛阳金谷园汉墓中的陶仓上即有粉书隶体的"大麦万石"四字，祈愿逝者在另一个世界拥有充足的粮食。在关中地区普遍种植小麦之后，当地的陶仓上也出现了"麦"的字样。西安东郊汉墓出土的绿釉陶仓的盖子上写有"小麦囷"字样，而白鹿原汉墓出土的部分陶仓肩部也有朱书"小麦"二字，可见当时小麦在关中地区已多有种植与储存。

从其他的出土文物中，我们也可以看到西汉后期小麦的种植逐渐扩展到了淮河流域。尹湾汉墓出土的《集簿》木牍记载了在西汉后期的东海郡，即今江苏北部连云港一带，宿麦的种植面积达到了十万余顷，约占农作物种植总面积的 94% 以上，在农作物中占有明显优势。《集簿》木牍还记载，推广宿麦种植是汉王朝的一项国策，也是考核地方官员政绩的重要依据。

此外，在边关地区也发现了许多小麦谷物的遗存，如新疆轮台县卓尔库特古城的汉代粮仓遗迹出土了大量小麦和青稞籽粒。《汉书·西域传》记载了边关地区小麦种植的情况："鄯善当汉道冲，西通且末七百二十里，自且末以往皆种五谷。"可见，在南疆与吐鲁番地区都有小麦种植。小麦的种植是汉王朝在西域、河西与陇西屯田政策的重要部分。肩水金关汉简记载"八月言之县，当给麦，毋使犁长卿毋麦大事"，意思是当地负责农业种植的官员"犁长"将小麦的种植视为"大事"。小麦也因此在边关地区有较为丰富的储存。居延汉简记载"肩水仓麦小石卅五石输居延"，可证肩水地区小麦储存较多，尚有余粮输送居延地区。汉代在边关地区大力发展小麦生产，同时迁徙人口充实边疆，防备匈奴，对巩固边疆起到了良好作用。

在西汉早期，人们食麦的基本方式是"粒食"，即所谓"麦饭"。这种粒食直接将小麦蒸熟或煮熟，口感粗粝，不易消化，并非贵族的首选，但是下层百姓往往以麦饭招待客人。《说文解字·食部》云："楚人相谒，食麦曰馇。"不过，在满城汉墓、三杨庄、长武、未央宫等地都出土了圆形转磨，表明在汉代石磨逐渐得到普及，再加上面粉发酵技术的成熟，小麦的食用方式也由粒食逐渐转变为面食。在汉代，用水和面做成的面食统称为"饼"。东汉时期的《释名·释饮食》解释道："饼，并也，溲面使合并也。胡饼作之大漫沍也，亦言以胡麻着上也。蒸饼、汤饼、蝎饼、髓饼、金饼、索饼之属，皆随形而名之也。"其中既有蒸

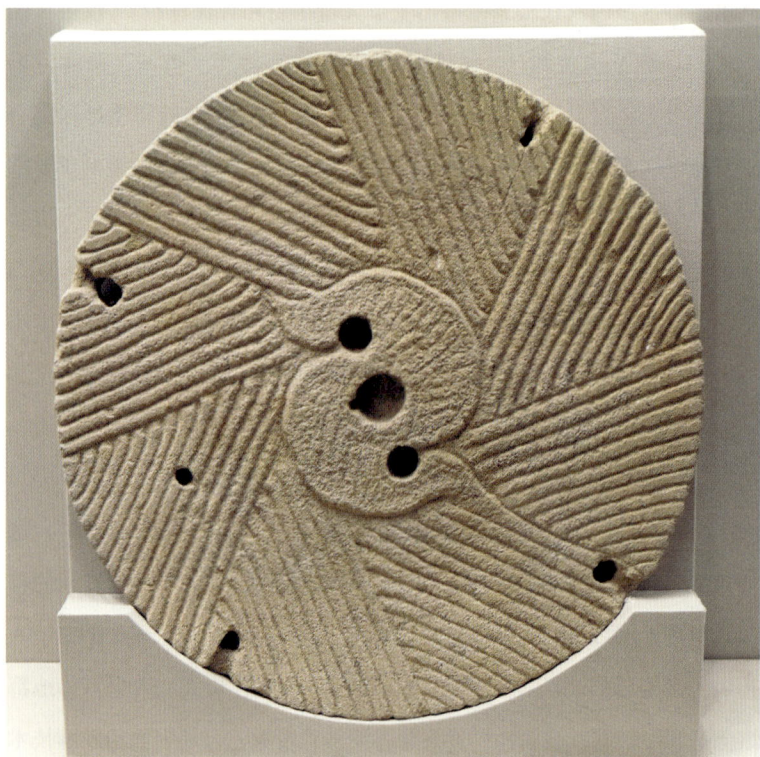

汉代石磨

制或烘烤而成的饼，又有泡汤而食的"饼"——其实更接近现在的面条或泡馍。一般认为"索饼"就是今天的面条。单单面食，在汉代就已达到了如此五花八门的地步，当时的"吃货"们既是发明者，又是尝鲜者。在研磨技术与面团发酵技术发展的同时，蒸制器具也广泛运用于食品的烹饪与加工。在西汉末期出现的"蒸饼"即是后世馒头、包子的前身。

在崇尚武力的秦汉时代，充足的粮食供应不仅保障了民生，更奠定了秦汉军队战无不胜的坚实基础。秦汉时期的统治阶级认同"粟多则国富，国富者兵强"的道理，将丰富的粮食供应视为强国兴兵的重心。像战国中期的秦国曾有南下灭巴蜀与东进伐韩的军事战略的争论。当时的司马错看重巴蜀地区的富饶，"得其布帛金银，足给军用"，主张南下。秦惠文王同意此说，派兵尽收巴蜀，极力开发其地以充实国力，从而服务秦国大一统的战略构想。《华阳国志》记载："司马错率巴蜀众十万，大舶船万艘，米六百万斛，浮江伐楚，取商于之地为黔中郡。"富庶的巴蜀地区成了秦国进攻楚国乃至天下的后勤基地。刘邦统一天下的策略与秦统一六国如出一辙，即先取关中，后取蜀地而伐关东，由萧何管理三秦及巴蜀的后勤资源。

而小麦在全国各地的推广种植与丰收，同样使西汉在经济上积富，并最终转化为军事上的积强。汉朝为对抗匈奴，在各地马厩与马苑大规模养马，颜师古为《汉书》作注，引《汉官仪》云："牧师诸菀三十六所，分置北边、西边，分养马三十万头。"马的食量极大，如此庞大的种群数量要求大量的粮草供应，而在西汉得到推广种植的小麦顺势成为补充供应草料的重要饲料。肩水金关汉简记载"其四石六斗五升粟，廿九石七斗六升麦，以食传马六匹一月其二匹县马"，说明当地作为粮草的麦的供应量已远大于粟。小麦服务于西汉的马政，为西汉王朝养成了大量的军马，使之有能力数次派遣大军征讨匈奴，打败匈奴，并最终让匈奴瓦解。

除了作为马匹的饲料，小麦制成饼后便于携带，成了行军打仗的干粮。这种军粮在当时称为"糒"。《四民月令》记载，五月"麦既入，多作糒，以供出入之粮"；而在敦煌出土的西汉简牍中，也有边关士卒"食糒二斗"的记载。冬小麦对于军事后勤供应的价值，是当时其他作为"粒食"的主食无法替代的。前文提到边关地区将小麦的种植视为"大事"，很重要的一个原因即是要将小麦充作军需。而在东海郡广种冬小麦，一方面是因为这里是小麦的主产区。《淮南子·地形》说战国以来东方宜麦，南方宜稻，西方宜黍，北方宜菽，中央宜禾；一方面是因为东海郡邻近淮河这条主要水路，极有可能是当时重要的军粮供应区。汉代举全国之力抗击匈奴，经营西域，冬小麦的推广和种植是这项伟业的缩影。

丝绸之路带来的异域美食

汉武帝建元三年（公元前 138），张骞使团受命从长安出发，经陇西前往中亚，联络大月氏抵御匈奴。张骞不辱使命，历十余年艰险，到达费尔干纳盆地的大宛，再经康居抵达大月氏。元狩四年（公元前 119），张骞再次出使西域，联络乌孙以御匈奴，使汉朝得以与大宛、大月氏、康居、大夏等国建交。自元狩二年（公元前 121）起，汉武帝先后设置了酒泉、武威、张掖、敦煌四郡，控制了通往西域的河西走廊。经过长期经略，汉王朝与西域的商业交往日渐繁荣，形成了《后汉书·西域传》中"驰命走驿，不绝于时月；商胡贩客，日款于塞下"的盛景。这条商旅贸易的丝绸之路，又带动了饮食与文化的交流。

上文提到，汉代的主粮种类已相当齐全，甚至在西域地区都引入了小麦的种植。所以当时从丝绸之路传播而来的主要是一些经济作物。以前人们日常食用的瓜果有桃、枣、栗、橘、杏、李、梨等，与西域连通之后，石榴、葡萄这些异域水果终于登上了汉朝人的食案。这些很"洋气"的外来品种在当时被称为"胡食"，在传入中原后逐渐融入中华美食，丰富了中国人的饮食结构，成了中国人餐桌上不可缺少的部分。

石榴原产于中亚，西晋张华的《博物志》说是张骞出使西域时带回了安石国的石榴种子。虽然迄今为止在新疆尚未发现石榴实物，但尼雅遗址出土的佉卢文书多次提到了石榴。而葡萄的原产地在中东至波斯一带，其色泽十分鲜艳，口味也很独特，深受汉朝人的喜爱。汉哀帝就在上林苑建置了葡萄宫。葡萄酒随葡萄一起输入中原。不过，像前文所介绍的那样，当时的酒还是以清酒、米酒与蒸馏酒为主，葡萄酒则是一种很珍贵的饮品。汉末的孟佗以葡萄酒一斛贿赂宦官张让，居然得拜凉州刺史，可见葡萄酒的尊贵地位。当时，葡萄酒的酿制技术并未传入中原，汉朝人往往直接食用葡萄，或制成葡萄干以便于保存。在塔里木盆地南缘的和田喀拉墩遗址就发现了葡萄干的痕迹，这里与吐鲁番地区的光热条件极好，且昼夜温差大，有利于葡萄糖分的积累，直到今天依然是葡萄的重要产区。

而从域外传来的胡麻、大蒜等作物，则与姜、桂、葱、薤一起成了汉朝人的调味品。胡麻，一般认为就是芝麻，自西域传入后在中原内地得到了广泛种植。在居延汉简记载的"儋胡麻会甲寅旦毋留如律令 / 尉史寿昌"一条中，人名"儋胡麻"正是以胡麻命名的，可见它在居延地区已融入人们的生活，甚至可以作为人名。到东汉末年，以胡麻为佐料的胡饼已是一种很普及的食物。汉末著名的儒者赵岐，其亲族因得罪宦官而几乎全部被杀，他不得不亡命天涯，足迹广布江淮、海岱。在北海郡的时候，他就成了街头小贩，"着絮巾布裤，常于市中贩胡饼"。既然想隐姓埋名，那么卖一些最常见的食物，比如胡饼，显然是合理的选择。

大蒜的大规模种植最早可以追溯到古埃及，这种植物曾被当作宗教祭品。传入中国后，大蒜以其独特的辛辣口感给人们留下深刻的印象，因此归入调味品的行列。在街头卖胡饼的赵岐就在《三辅决录》中记载

被称为"东方庞贝"的尼雅遗址，其中出土了记载石榴的佉卢文书

了一句民谚"前队大夫范仲公，盐豉蒜果共一筒"，似可引为佐证。大蒜与盐、豆豉并列，说明它成了腌制食品或炖煮菜肴时极常见的佐料。如今人们或爱或恨的香菜，当时名为"芫荽"或"胡荽"，也是从西域传入的。

今天的日常蔬菜中，黄瓜便是从西域传来的。黄瓜原名胡瓜，一般认为其原产于印度，就像胡麻、胡荽一样，名字中的"胡"字标志着食材来自遥远外国的特殊身世。李时珍《本草纲目》说黄瓜是张骞出使西域时带来的，而在十六国时期后赵石勒避讳"胡"字，故一律更名为黄瓜。有些同时被改名的食物，比如胡饼，在之后又恢复了"胡"字，但黄瓜的名字就此流传了下来。

此外还有苜蓿这种独特的蔬菜。作为"牧草之王"，其身世也不简单。学术界大多认为它起源于伊朗，随着西域的宝马一起输入中国。《史记·大宛列传》记载："（大宛）俗嗜酒，马嗜苜蓿。汉使取其实来，于是天子始种苜蓿、蒲陶肥饶地。"苜蓿正是大宛马嗜好的草料，出于军事需要，不但在宫廷苑囿有所种植，而且在关中、陇西等地广泛推广。尼雅古城遗址出土的佉卢文书也有官方征收苜蓿作为皇家饲料的记载，有的学者即认为苜蓿是汉代边疆治理中马政与畜牧业的支柱性作物。苜蓿传入后不仅当作马的专属饲料，还悄悄地进入了人们的药食之中。后世南朝陶弘景的《名医别录》中说苜蓿"主安中，利人，可久食"，意思是它不仅可以长期食用，而且具备一定的药用价值。

随着珍奇的胡食传入王朝内地，胡乐、胡舞、胡服等异域文化也直接或间接地涌入中原地区，共同组成了汉代的日常景观。武帝在"离宫别观旁尽种蒲萄、苜蓿极望"，能够大规模种植异域作物，凸显了西汉的国力，也使外国君王或使节惊奇于汉朝的物产丰富、无奇不有，从而愿意臣服。这两种作物成了汉朝向西开疆扩土的象征。盛唐的王维有诗称颂道："苜蓿随天马，蒲桃逐汉臣。当令外国惧，不敢觅和亲。"汉末的灵帝不但"好胡饼，京师皆食胡饼"，更"好胡服、胡帐、胡床、胡坐、胡饭、胡空侯、胡笛、胡舞"，引得整个贵族阶层效仿，使洛阳浸润在异域风气之中。史学家每以汉唐并称，其中一个原因正是汉唐时期皆有阔放的气概与接受外来新事物时开放包容的姿态，而汉代文化也因异质文化的加入而更加繁荣。

丝绸之路的开通与西域都护的设立，既使原来屈服于匈奴的西域各国得到西汉的军事保护，也使诸国领略了大汉的文化魅力。它们在与大汉的贸易中获得了极大的经济效益，故"思汉威德，咸乐内属"，纷纷朝汉，中原内地的饮食也得以西传。除了前文所提到的小麦以外，粟、黍、稻等主食作物与桃、杏、梨等水果在西域也都有发现，显示出汉代饮食"引进来"与"走出去"的交相辉映。阅读丝绸之路的历史，端详沿线出土的文物，我们仿佛可以听到遥远的丝绸之路传来的回音：异域商队满载胡食等货物，翻越葱岭，经过敦煌，抵达关中；中原的商队也蓄势待发，准备向西带去中原的文化与技术瑰宝。歌声、佛音、驼铃声，在这条横贯东西的友谊之路上悠扬飘荡，谱写出一曲不同文化、不同民族间共通与共荣的交响。

悬泉置的传食

　　烈日炙烤着沙地，干燥的热风不时卷起阵阵黄沙。在遥遥无期的戈壁旅途中，来自西域小国的使者和他的随从们疲惫不堪，马匹的步伐愈发沉重，携带的水囊也即将耗尽。使者心中正叫苦不迭，随从中的一位忽然指着远处模糊的山影大喊道："那里好像有泉水！"使者凝神细看，果然，在遥远的山脚下，隐约可见一股清泉从悬崖上奔流而下，像一条银带在日光中闪烁。使者立即振奋了许多。他在启程前了解到，在路途中有一座名为"悬泉置"的高级驿站，其名称正取自山旁这道甘甜清冽的泉流。终于，使者一行来到了悬泉置前，大汉王朝的旗帜正迎风招展，像是欢迎他们的到来。使者举起了他的符节示意，吏卒立刻开门迎接，仪容整肃，驿站随即响起鼓声，宣告贵客的来访。使者深吸一口气，心情逐渐愉悦起来：在抵达长安、拜见大汉天子之前，人困马乏的他们得以在此憩息数日，并享用丰富的饮食。悬泉置对于在丝绸之路上穿梭奔波的人们，真可谓是流淌在茫茫沙漠中的"生命之泉"。

　　汉代的悬泉置是丝绸之路官方大道上的一个重要的驿站。所谓"置"，与"亭"和"邮"类似，是汉代邮驿系统的一个单位。悬泉置位于汉代的敦煌郡效谷县。从悬泉汉简、居延汉简的驿置道里簿的记载可以发现，从敦煌经武威、平凉到长安的路线上有大约四十个驿站，其中

悬泉置遗址

悬泉置的规格最高。

悬泉置既是珍贵的交通工具——马匹与传车的重要供应地，还是传递文书与情报的枢纽，更是接待往来人员饮食的重要场所。据悬泉汉简《过长罗侯费用簿》记载，悬泉置供给的主食一般是粟与米，还有羊、牛、鱼、鸡肉。辅食则有酱与豆豉。悬泉汉简也专门记载了各种制酱的原料，如用腌渍的干肉一束制成的"清酱"以及用"血一斗"加盐制成的血酱，而豆豉则是用盐浸泡大豆后发酵而成的。此外，汉简还提到了作为甜品的糖枣，与用粮食自酿的酒。可以看出，悬泉置食物的总体种类较多，不过也缺少蔬菜类食物，毕竟悬泉置位于西北干旱地带，气候不利于蔬菜的生长与保存。

秦汉两朝有着很严格的《传食律》。在悬泉汉简中，过往人员携带的身份证明"传文书"的末尾往往有着"如律令"的字眼，即是要求各驿站遵守相关规定。在秦汉王朝的内部，传食标准会根据官吏的秩级有所区分。睡虎地秦简《传食律》明确规定"其有爵者，自官士大夫以上，爵食之"，也就是持有大夫、官大夫以上爵位的人，按照爵级供应伙食；其他各个爵级以及宦官、卒人、从者、车仆的饮食都有规定。悬泉汉简《元康四年鸡出入簿》记载，以猪、牛、羊肉招待长罗侯军长、长史等秩级高的官吏，而对监史一级及以下的官吏则不允许供肉。此外，悬泉置的传食有"外重内轻"的特点。悬泉汉简记载，给予鄯善使者与乌孙使者的饮食标准都是四升，而供给内部人员的只有三升。两相比较，可见虽然悬泉置地处边塞地区，条件艰苦，但使者们只要携带着"传文书"，就能在悬泉置中稍作休憩并补充物资，享受来自大汉王朝的最高礼遇，这应是让汉王朝低级官吏十分羡慕的事情。

悬泉置汉简记载的一次重要事件，是接待一个规模庞大的于阗使团："今使者王君将于阗王以下千七十四人，五月丙戌发禄福，度用庚寅到渊泉。"多达千人的于阗王使团，在五月丙戌日从酒泉郡治所出发，预计在三天后到达敦煌郡最东端的渊泉县，途中将在悬泉置歇息。据《汉书》记载，于阗在西汉时期的人口不过 19300 人，这一次出访竟出动了超过二十分之一的人口。规模如此庞大的使团对于当时的悬泉置来说必然是很大的考验，要求它具备强大的组织能力和物资调配能力。事实上，悬泉置内设有置、厩、传、舍、厨等机构，体系完善，在接待方面更有着严格的规章制度。悬泉置前后一共接待了来自于阗、鄯善（楼兰）、小宛、乌孙、大宛等三十多个西域政权的使者。作为绵延不断的诸多驿站中最闪耀的存在，悬泉置展示了汉王朝强大的综合国力，与乐意远交番邦的慷慨胸襟。

从汉武帝至汉安帝，悬泉置在汉代存续了二百多年。王莽的新朝曾引发匈奴和西域诸国的叛乱，东汉建国以后，由于国力尚未恢复，悬泉置曾短暂废弃。在汉明帝时，窦固、班超镇抚鄯善、于阗、疏勒等国，西域诸国与汉朝再度相通，悬泉置与西域沿路的邮驿系统得以重新起用。汉章帝时期，在北匈奴的支持下，西域的焉耆、龟兹发动叛乱，最终被英勇刚猛的班超平定，西域诸国重新向汉朝称臣，使队与官吏匆忙往来的身影也在悬泉置重现。而汉安帝年间，由于内部动荡，接替班超的西域都护无法掌控西域，北匈奴再起反攻。朝廷虽启用班超的幼子班勇，再度收复西域数国，重相交通，但已无法恢复昔日丝绸之路的辉煌。在此后的岁月里，丝绸之路的复兴在魏晋南北朝时期偶有闪光，但其真正的再度辉煌要等到几百年以后的唐朝。

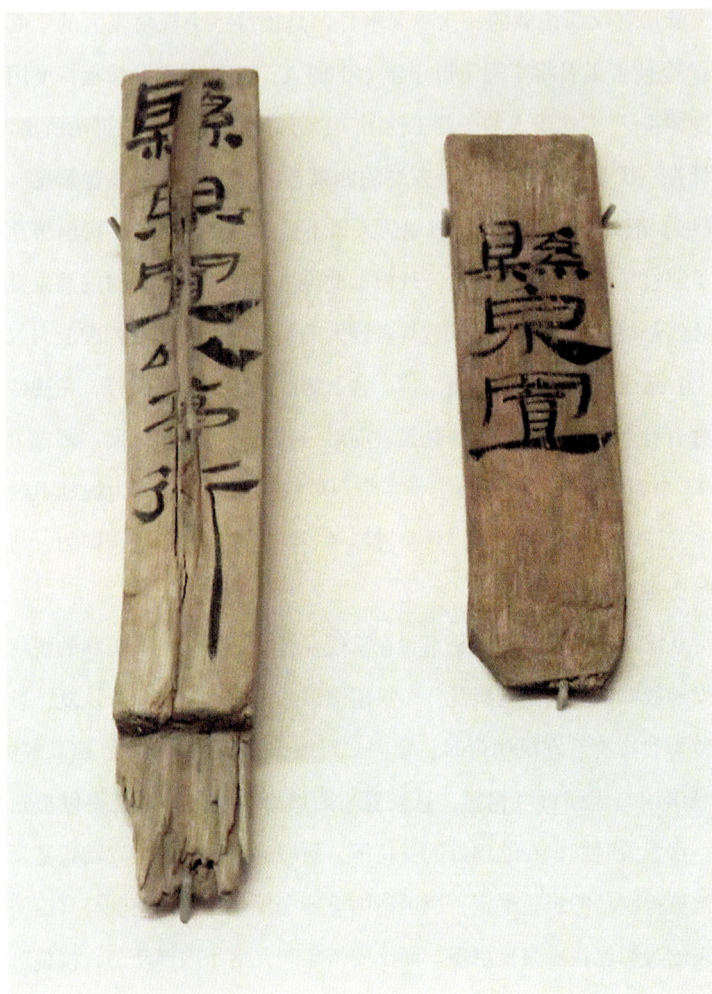

悬泉汉简中的"悬泉置"字样

通过对历史遗迹的发掘，我们仿佛能穿越时光，回到昔日那片苍茫的戈壁滩上，看见这座伟大的驿站巍然矗立；使臣与官吏们络绎不绝地进出其间，一张张长案摆满朴实却丰盛的佳肴；那恢宏的威仪、无微不至的关照，让长途跋涉而来的异域使者心悦诚服。这些远道而来的宾客不但在悬泉置，而且在丝绸之路的旅途中充分领略中原文明的魅力，并与内地的人民进行着物质与文化的密切交流。悬泉置的名字几近湮没在历史的黄沙中，但它是当时极重要的交通枢纽，更是繁荣而强盛的大汉王朝的象征，值得今天的我们永远铭记。

魏晋南北朝：味蕾上的乱世

北方华夷饮食的融合

夏时饶温和，避暑就清凉。

比坐高阁下，延宾作名倡。

弦歌随风厉，吐羽含徵商。

嘉肴重叠来，珍果在一傍。

棋局纵横陈，博弈合双扬。

巧拙更胜负，欢美乐人肠。

从朝至日夕，安知夏节长。

    这首洋溢着游宴欢饮之趣的《夏日诗》出自魏文帝曹丕之手，描述了他在炎炎夏日和宾客们聚众避暑的情景。他们面前是琳琅的嘉肴和缤纷的瓜果，可以推想其中有葡萄的身影，毕竟曹丕对葡萄的喜爱频频见于文章。他在《诏群臣》中赞叹道："当其（指葡萄，引者注）朱夏涉秋，尚有余暑，醉酒宿醒，掩露而食。甘而不饴，脆而不酢，冷而不寒，味长汁多，除烦解渴。"用葡萄酿成的酒也是人间罕有的风味，它"甘于鞠蘗，善醉而易醒。道之固已流涎咽唾，况亲食之邪！他方之果，宁有匹之者？"在曹丕眼中，葡萄显然是天下无匹的水果。

《夏日诗》中的皇帝和客人们端坐高阁，面前的棋盘黑白交错，博弈正酣。四周的侍女且歌且舞，笛声清新轻快，弦乐随风飘扬，从清晨持续到日落。宾主尽欢，曹丕却在诗中不无伤感地感叹："谁知道这样的夏季能持续多久呢？"对时光短促的惋惜沾染着魏晋人普世的感伤，即便如此，宴饮中的曹丕恐怕也完全想不到，自己的王朝会如此短命，更想不到这样优雅文艺的皇家宴会终将风流云散。彼时正值曹魏政权建立之初，汉末的饥荒、瘟疫暂时平息，百姓们终于盼来了新气象。可惜曹魏政权从青涩走向崩解，还不到半个世纪；取而代之的西晋，在白痴皇帝司马衷即位后迎来了"八王之乱"，最终迅速败亡，中原人口大量死亡或南迁。此后的中原大地，迎来了一个混沌喧嚣的时代。在公元304年至439年这段漫长的岁月里，北方陷入了征战不休、血流漂杵的十六国时期。建武元年（317）立国于南方的东晋，虽然陷入门阀政治漩涡之中，但姑且还能保一方太平。永初元年（420）刘宋代晋，尔后的南北政权长期对峙，以淮河或长江为界征战不休。统治阶级几番更替，内乱残杀频发，使得这一时期百姓的生存举步维艰。"长太息以掩涕兮，哀民生之多艰"，正是后人阅读这段历史时最容易浮现在心中的话。

　　当然，混沌在某种程度上也意味着多元。中华大地上勤劳朴素的人民往往能在一片混沌黑暗中找到通向未来的生路。民生饮食的重大变革，成为这段苦旅的有力见证。魏晋南北朝时期，周边民族与华夏民族的饮食随着时间推移不断交融，形成了中华大地上全新的饮食风貌。这正是饮食中所见的民族大融合。这种融合继承自两汉，而在魏晋南北朝三百余年中进一步深化，最终为多元一体的中华民族奠定了历史基础。

如果要列举最能反映民族融合的大众食物，无疑不能绕开胡饼。上一章提到，胡饼在汉代已经开始流行。《太平御览》引《续汉书》中记载"灵帝好胡饼，京师皆食胡饼"，说明胡饼的推广是由上而下的。按照东汉时期《释名·释饮食》的说法，胡饼是"以胡麻着上"的摊开来的大饼。十六国时期，后赵皇帝石勒出身羯族，避讳"胡"字，将胡饼改为"搏炉"。他的后继者石虎又改为"麻饼"。这些史料都证明胡饼是芝麻饼——听上去有点类似今日西北地区盛行的馕。不过，胡饼不一定像馕那样没有馅料。北魏时期著名农学家贾思勰在《齐民要术》的《饼法》中记载了一种"烧饼"，做法是"面一斗，羊肉二斤，葱白一合，豉汁及盐，熬令熟，炙之"，这就是烤出来的羊肉馅饼；另有一种"髓饼"则没有明确馅料，只是"以髓脂、蜜，合和面，厚四五分，广六七寸"，然后放进胡饼炉中烘烤至熟即可。据记载，石虎"好食蒸饼，常以干枣、胡桃瓤为心，蒸之，使坼裂方食"，他所喜欢的蒸饼，制作工艺显然与一般的胡饼不同。

胡饼毕竟是一种平民百姓喜爱的食物，而大众化的前提是廉价。汉末建安七子之一的王粲编纂的《英雄记》中记载李进先"杀数头肥牛，提数十石酒，作万枚胡饼"，行缓兵之计，为哥哥李叔节招待败退的吕布。如果胡饼的用料非常贵重，制作这么大量的胡饼显然不太现实。

关于胡饼的吃法，人们并不太讲究，例如史书记载的下面两个例子：

> 王长文字德郁，广汉郡人。世为郡守，少以才学知名，放荡不羁检。益州五辟，公府再辟，皆不就。又送别驾传之，长文

广州河南敦和乡客村出土的古砖，侧面刻有铭文：

> 永嘉七年癸酉皆宜价市；
> 永嘉世，九州空，余吴土，盛且丰；
> 永嘉中，天下灾，但江南，皆康平；
> 永嘉世，天下荒，余广州，皆平康。
> 永嘉五年（311），匈奴人建立的前赵攻入洛阳，
> 俘虏晋怀帝，屠杀王公大臣，
> 洛阳大饥，灾乱频发，盗贼横行，史称"永嘉之乱"。

墓主人生活图，纸本设色，出土自新疆阿斯塔那东晋墓

阳狂不诣，郡县举致，乃微服窃出。举州莫知所之。追求之，乃于成都卖熟市中，见长文蹲踞地上，而坐啮胡饼食之。

王羲之幼有风操。郗虞卿闻王氏诸子皆俊，令使选婿。诸子皆饰容以待客，羲之独坦腹东床，啮胡饼，神色自若。使具以告。虞卿曰："此真吾子婿也！"问为谁，果是逸少，乃妻之。

西晋时期的蜀地人王长文不想做官而装疯，"蹲踞地上，而坐啮胡饼食之"；东晋王羲之"坦腹东床，啮胡饼"，反而赢得老丈人青睐，这也是后世成语"东床快婿"的由来。以上两个案例出自东晋王隐撰写的《晋书》，从西晋到东晋，从北方到南方，从平民到士族，足以说明胡饼已经传入南方成为常见的食物。

除胡饼以外，魏晋南北朝时期，北方游牧民族的乳酪制品也受到汉人的欢迎，成为汉人日常饮食的一部分。地处河西地区的前凉国末代国王张天锡，因为国力不支，投降前秦而亡国。他在前秦任职期间参加了淝水之战，是役前秦大败，他趁机投奔东晋。东晋会稽王司马道子曾经问他凉州有何土产，张天锡应声作答："桑葚甜甘，鸱鸮革响，乳酪养性，人无妒心。"他本为汉人，却将乳酪作为凉州特产，说明前凉的汉人已经从心底接受了乳酪制品，并以之为美。贾思勰是北魏时期的汉族官员，他在《齐民要术》中将乳酪制法附在了养羊方法之下，但指出用牛乳、羊乳皆可制作乳酪，此外还可以用马、驴乳混合制成马酪酵。他从牛羊生产之日催乳开始，一直讲到乳酪成品的最终制备，极为生动而详细。贾思勰还记载了牛羊乳可以用来配面制作饼，其中特别提到了"截饼"。这种饼"纯用乳溲者，入口即碎，脆如凌雪"，大概就像现在的奶香酥饼，读来令人垂涎三尺。

随着胡风饮食的盛行，中原地区的整体饮食结构发生了巨大的变化。最典型的变化体现在肉食中——猪肉的地位下降，羊肉的地位升高。河西地区是游牧民族与汉民族的重要交汇地，这一地区的魏晋墓葬壁画详细描绘了豪族奢华的饮食场面。壁画中出现了许多宰杀牲畜的画面，其中宰羊最多，猪次之，椎牛与杀鸡的场景最少。画面的数量能够在一定程度上反映人们的肉食结构及偏好，以及羊肉在当时北方人心目中的地位。

由于自然条件的限制，游牧民族基本无法养猪，在拓跋鲜卑游牧时期的墓葬中就没有发现猪骨。他们南下建立的政权代国，还有后继的北魏，仍然以马、牛、羊为主要牲畜。北魏建立了代郡、漠南、河西、河阳四大国家牧场，管理马、羊、牛的畜牧事宜；并对更处北方的柔然、高车等部落进行军事打击，达到稳定边疆局势和抢夺牲口的目的，从而保障国家牧场的充实。据统计，与马有关的内容在《齐民要术》中占全部畜牧业相关字数的比例超过45%，羊则超过了25%。马是军队所需，并非主要肉食来源，那么羊在肉食中的地位可想而知。在北齐时期，政府还规定"生两男者，赏羊五口"以促进生育，从一个侧面体现了国家牧场的兴盛。

据科技考古学家的研究，游牧民族进入中原后，其饮食结构与当地的中原汉人发生了碰撞与融合。通过测量人骨的碳氮稳定同位素，他们发现北魏平城（今山西大同）的居民与之前拓跋鲜卑代国时期都城盛乐（今内蒙古和林格尔）的居民，或更早的呼伦贝尔草原上的鲜卑游牧民相比，以粟、黍及其副产品为食的动物在肉食结构中占了更大的比重，

嘉峪关魏晋墓砖画中的宰羊图

证明拓跋鲜卑南迁之后的农业、畜牧业发生了剧烈变化，与北魏平城时期道武帝大力推广屯田政策的史书记载相符。大同北魏墓地的汉人遗骨也呈现出了接近游牧民族饮食结构的特征。这说明汉族与游牧民族在饮食结构上互相影响，彼此融合。《魏书》记载平城"分别士庶，不令杂居，伎作屠沽，各有攸处。但不设科禁"，各族居民"买卖任情，贩贵易贱，错居混杂"。这一自由贸易、自由交往的社会风气，得到了考古研究成果的证实。在北魏孝文帝推行汉化政策、迁都洛阳之前，各族百姓就已经自发开始了文化融合。而有了这样的民间基础，在孝文帝禁胡服、禁胡语、改胡姓、推广儒学、鼓励鲜卑与汉人贵族联姻等政策的推动下，鲜卑族迅速与汉族融合，实现了民族大融合，推动了北方社会经济的发展。

山西大同仝家湾的北魏宴乐图壁画

南昌火车站东晋墓葬出土的彩绘宴乐图漆盘

"羌煮貊炙"的民族饮食方式，影响了人们的烹饪方法与进餐礼仪。羌煮是鹿头炖猪肉的大锅肉汤，貊炙则是将整只动物烧烤之后切片食用，都是当时典型的游牧民族饮食。"炙"指烧烤，在魏晋南北朝时期非常流行。《齐民要术》记载了二十二种炙法，分别用于猪、牛、羊、鹿、鸡、鸭、鹅、鱼等多种食材。北方人受游牧民族影响喜吃烧烤，而南方人同样流行吃炙菜。王羲之年轻时，受东晋大臣周顗赏识，后者请他吃名贵的"牛心炙"，使王羲之为人所知。据传王羲之还喜欢"鸮炙"，也就是烤猫头鹰。

　　也许是受了胡人大锅吃肉的影响，一些汉人开始跳出先秦两汉传统的分食制，而在家庭聚餐等场合采用合食制。北魏将军杨椿出身著名的弘农杨氏家族，在晚年告诫子孙家族内部需要团结，便提到"又吾兄弟，若在家，必同盘而食"。《世说新语》也记载了一则逸闻：东晋大将桓温和手下一起吃饭，有个参军夹不起来蒸薤菜，其他人不帮忙反而取笑他，桓温于是怒斥他们"同盘尚不相助，况复危难乎！"就免了他们的官。以上两例的主角，或许是受到军旅生活的影响才喜好合食制。不过在汉人的正式宴饮场合，分食制依然是主流。

南北方饮食的交流

西晋末年，衣冠南渡是中国历史的一大重要节点。匈奴的前赵政权攻破洛阳，造成了"永嘉之乱"，使得中原汉族士族与依附他们的百姓大量南逃，从此在南方落地生根。南迁士族即为"侨姓"，东晋朝廷为他们在迁入地区设置侨郡、侨县，以他们的家乡命名地名。"旧时王谢堂前燕"所指的琅琊王氏与陈郡谢氏，这两大东晋时期的重要士族，就分别来自现在的山东与河南。衣冠南渡带来的大规模人口迁徙，客观上为当时尚不发达的南方地区带来了北方较为先进的农业技术。在淮河、长江之间的地带，乃至部分长江以南地区，粟、麦被由上而下地推广，就此开始大规模地种植。

南方种植旱地作物，在三国时期已有先声。长沙走马楼出土的吴国竹简就已经有了佃卒（屯田士兵）及其家属参与种植麦子的记载，并且有了"大麦租"这种赋税。但当时的种麦活动仅限于屯田士兵，并未大范围推广。吴国竹简记载的长沙郡吏民多有取单字名"客"的人，大抵是命名者出于怀念自己故土的原因，也正是他们从北方带来了种麦的技术。还有一些人直接以"麦"为名，亦可证明当时已有种麦的活动。

晋元帝司马睿为北方来客，他在建立东晋的第二年，便颁布法令，在东晋疆域内大规模推广种麦：

> 徐、扬二州土宜三麦，可督令燠地，投秋下种，至夏而熟，
> 继新故之交，于以周济，所益甚大。昔汉遣轻车使者氾胜之督三
> 辅种麦，而关中遂穰。勿令后晚。

　　徐州在今鲁南、苏北，而扬州的面积则远远大于如今人们熟知的扬州，包括江南地区的大部，行政管辖范围囊括了今江西、福建的部分地区。晋元帝希望重现汉代农学家氾胜之的功绩，让徐、扬二州丰饶起来。然而事与愿违，在律令颁布的第二年，"吴郡、吴兴、东阳无麦禾，大饥"。《晋书·五行上》记载了六次麦子欠收或者无收的情形，寥寥几字的背后是无数农民的人间惨剧。

　　有了朝廷的政策推广，南方人虽然仍崇尚稻米，但逐渐接受了粟、麦。刘宋时期，世居会稽的何子平在扬州当官，俸禄包含白米，他却拿白米到市场上转卖，换成粟、麦。这是因为何子平性情至孝，母亲平时在家不怎么能吃到白米，自己也就无心独享，而选择次一档的粟、麦作为主食。市场上所售卖的粟、麦，其主要消费者也不是何子平这样能够领取白米的官员，而是普通百姓。南朝梁、陈的将领吴明彻是梁时秦郡（今江苏六合）人，虽然出身将门，但幼年丧父，"家贫无以取给，乃勤力耕种"。侯景之乱时，故乡秦郡饥荒，吴明彻就将自己的三千余斛粟、麦分给了乡亲，保全了很多人的性命。由此也可见粟、麦是当地的重要农作物，因此才能被积攒到三千余斛。

　　虽然粟、麦等旱地作物依然不是当时南方人的首选农作物，但客观来讲，大规模种植粟、麦，进行水旱并作，推动了南方山地的开发，增加了土地的粮食产量。南渡的中原百姓在种植粟、麦时使用了先进的技

邓州南朝彩色画像砖，上面绘有神兽玄武的图案

术，开拓了新的耕地，发展了南方的农业经济，也推动了中国古代史上的经济重心南移。淮河下游和长江中下游成了当时南方的经济发达地区。刘宋时期"荆州居上流之重，地广兵强，资实兵甲，居朝廷之半"，正是这一发展趋势的写照。

衣冠南渡带来了大规模的人口，也带来了新的作物和农畜技术，但此后由于南北长期对峙导致人口流动相对停滞。在史料中一般只见上层人员的零星往来，不成规模，也给南北饮食的交流带来阻碍。东魏官员尉瑾曾经出使南朝萧梁，接待他的是文学家庾信。庾信跟尉瑾提起邺城的葡萄，而其他在座的萧梁官员听了不知所云：他们连葡萄的形状都不知道。尉瑾与庾信虽然提及了葡萄种植的范围与方式，但只是作为谈资，实际上并没有真正传播技术，也没有对人们的饮食结构造成深远的影响。

在这些零星的交换中，有一个人的经历极为传奇。他证明了在魏晋南北朝时期，厨艺的最高境界是改变自己的命运，这个人叫毛脩之。毛脩之本是一名东晋将领，但在刘裕北伐过程中战败，为匈奴人建立的夏国俘虏。十年后，夏国被北魏击败，毛脩之又沦为北魏俘虏。就在这时，他的命运发生了转机。当时的北魏皇帝拓跋焘重视汉人臣子，便把毛脩之从阶下囚中解放出来，带北去的南方士兵（北魏方称为"吴兵"）攻击柔然。毛脩之也因战功获封"吴兵将军"。即便有了"编制"，毛脩之也只是一个普普通通的将军而已，但他的厨艺在这时发挥了意想不到的作用。南朝沈约编纂的《宋书》记载：

> 脩之尝为羊羹，以荐虏（南朝对北魏的蔑称）尚书，尚书以为绝味，献之于焘，焘大喜，以脩之为太官令。稍被亲宠，遂为尚书、光禄大夫、南郡公，太官令、尚书如故。

北朝魏收编纂的《魏书》也有一段类似的记载：

> 脩之能为南人饮食，手自煎调，多所适意。世祖亲待之，进太官尚书，赐爵南郡公，加冠军将军，常在太官，主进御膳。

太官就是主管皇帝御膳的机构。毛脩之身为汉人降将，能够进入这种侍奉胡人皇帝的核心机构，并因厨艺（当然还有战功）当上南郡公，地位显赫。这段传奇经历，既表明毛脩之本职工作以外拥有顶尖的厨艺，也反映了北魏皇帝拓跋焘热衷接受南方饮食，并且有包容汉人官员的宽广气度。

南北政权各称正统，持续对峙，文化发展方向也各有千秋，南北饮食差异就是其中一面。之前我们提到，乳酪在北方大受欢迎，但南方人常年觉得它无法下口。《世说新语·言语》和《世说新语·排调》分别记载了这样两则故事：

> 陆机诣王武子（王济，引者注），武子前置数斛羊酪，指以示陆曰："卿江东何以敌此？"陆云："有千里莼羹，但未下盐豉耳！"
>
> 陆太尉（陆玩，引者注）诣王丞相（王导，引者注），王公食以酪。陆还遂病。明日与王笺云："昨食酪小过，通夜委顿。民虽吴人，几为伧鬼。"

王济是太原晋阳人，对南方来的陆逊之孙陆机夸耀羊酪，而陆机不以为然，觉得还不如没放盐的莼菜汤，表现出了强烈的不屑。西晋的短暂统一南北，也未能改变这种文化的差异。

陆玩与陆机一样同属吴郡陆氏，而王导是山东琅琊王氏衣冠南渡后的代表。陆玩身为吴地的大族，完全不能耐受乳酪带来的肠胃冲击，以致"通夜委顿"。"伧鬼"则是当时南方人对北方人的轻蔑说法。这一笺只是两位重臣之间的玩笑话，但在生理和心理两个层面，南方人对乳酪的抗拒都跃然纸上。

南北朝中后期，政局动荡导致的官员、将领流动更加频繁。王肃是另一位由南入北的将领，他的家族卷入南朝萧齐的政治斗争，最终父亲被杀，王肃只得逃亡北魏。北魏孝文帝元宏非常器重他，命他担任辅国将军。《洛阳伽蓝记》记载，王肃初到北魏，不吃羊肉、酪浆等食物，饿了吃鲫鱼羹，渴了就喝茶，完全保留着南方人的饮食习惯，北魏朝廷给予尊重，未作强制。但数年之后，王肃再参加孝文帝举办的宴会，就开始吃羊肉、乳酪。孝文帝对此感到奇怪，于是问王肃羊肉与鱼羹、茶与酪，分别是哪个更好。王肃回答：

> 羊者是陆产之最，鱼者乃水族之长。所好不同，并各称珍。以味言之，甚是优劣。羊比齐、鲁大邦，鱼比邾、莒小国，唯茗不中与酪作奴。

王肃的回答过于谦卑，或许是出于降将身份的考虑，但是他也确实接受了北方饮食，同时也保存着自己身为南人的饮食习惯。彭城王元勰调侃王肃"不重齐鲁大邦，而爱邾莒小国"，王肃对答"乡曲所美，不得不好"。彭城王便提出要宴请王肃，为他准备"邾、莒之食"与"酪奴"。同时北魏也有一些人愿意学习南朝饮食风尚。给事中刘缟就仰慕王肃，"专习茗饮"，而彭城王调侃刘缟是"逐臭之夫""学颦之妇"，将自己轻漫南方饮食的态度展现得淋漓尽致。北魏贵族宴会还专门设置茶饮，结果只有南方过来的"流民"喜欢。

王肃的经历可以称为当时南北饮食交流的典型案例了。北魏孝文帝时期的汉化政策，彻底改变了北方的文化面貌。鲜卑等少数民族与汉族之对立逐渐消弭，逐渐转变为南北两地华夏文化之间的差异。北方人经历了这些，有人欣然学习南方饮食，也有人依然不屑一顾。南北方饮食各有各的传统，但纵有差异，交流也在不断进行。从百姓到王公贵族，各个社会阶层的饮食都在交流中不断重塑，见证了古代中国"分久必合"的历史规律。

酒中风度与"疯度"

　　鲁迅先生的名篇《魏晋风度及文章与药及酒之关系》想必不少人读过，我们在谈论魏晋饮食时，酒是一定绕不开的。从北方甘肃嘉峪关等地的魏晋墓葬，到南方江苏南京或丹阳的南朝墓葬，它们都出土了大量记录宴饮的壁画或画像砖。人们举杯自适，纵酒放歌，说明饮酒的习惯已经普及到当时社会的各个阶层。

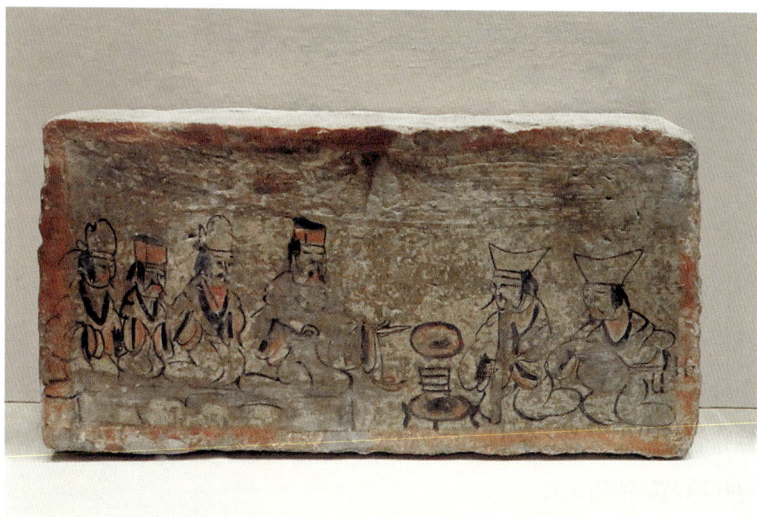

宴饮图壁画，出自嘉峪关魏晋一号墓

《竹林七贤与荣启期》砖画拓本

　　提及魏晋风度的代表，竹林七贤当之无愧。竹林七贤，亦即嵇康、阮籍、山涛、向秀、阮咸、王戎、刘伶七位名士。他们常常在嵇康住宅附近的竹林相聚，纵酒放歌，其洒脱不羁的风度，多为东晋、南朝名士效仿。南京西善桥南朝墓葬出土的《竹林七贤与荣启期》模印砖画，线条分明，"传形写影"。砖画将七人与春秋时期的隐者荣启期相提并论，意味着在一代士人心目中，七贤已成为与古贤并举的精神偶像，是那个时代隐逸精神的化身。

　　以竹林七贤为代表的魏晋名士之所以沉湎于饮酒，其主观的目的或曰背后的思想，是使自己跳出儒家的礼法制度，时而隐逸逍遥，时而激昂陈词。他们的行止也与当权者的情况有关。竹林七贤生活的时期正逢司马氏当权，自高平陵兵变以来，其政权的正当性就一直受到诟病，之后更是当街弑君，引发天下众怒。司马氏为了巩固政权，十分强调忠孝礼教，对竹林七贤这样公然反对礼教的名士心怀忌惮。为司马氏夺权出了大力的权臣何曾"性至孝"，无法容忍离经叛道之徒，就劝司马昭处理掉阮籍："公方以孝治天下，而听阮籍以重哀饮酒食肉于公座。宜摈四裔，无令污染华夏。"不熟悉这段历史的人，很容易误会阮籍已经不孝到居丧期间纵情作乐，以至于要被主持公道的高官逐出华夏。然而阮籍绝非不孝，他甚至因为母亲去世而吐血数升，险些丧命，只是没有按照礼法尽孝道而已。嵇康娶曹家公主为妻子，司马氏掌权后他仍忠于曹室，拒绝合作，隐居不仕，最终遭到陷害。他所擅长的古琴曲《广陵散》遂成千古绝响。鲁迅先生感慨嵇康与阮籍之遭遇，说："表面上毁坏礼教者，实则倒是承认礼教，太相信礼教。"

"正始名士和竹林名士的精神灭后，敢于师心使气的作家也没有了。"进入十六国与东晋之后，隐士饮酒，尚能说是继续寻求超脱，也是苟全性命于乱世的不得已之法；而朝堂之上贵族、名士、将帅之间的饮酒，基本丧失了高尚的精神目的，沦为良莠不齐的社交、娱乐活动。无人不知的《兰亭集序》就记载了贵族官员、文人墨客们"群贤毕至，少长咸集"的祓祭与宴饮活动，曲水流觞，雅意盎然。彼时北方仍处于后赵、冉魏接连崩溃带来的震荡之中，各地军阀互相残杀，民不聊生；而南方相对太平，还有余力派兵北伐。王羲之感慨"死生亦大"，或许也考虑到了百姓与士兵的生死无常吧。

山西博物馆藏大同出土北魏玻璃碗

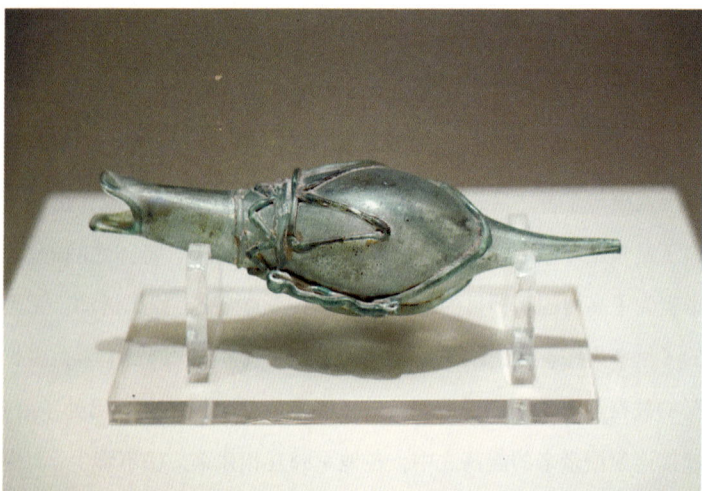

北燕冯素弗墓出土的罗马鸭形玻璃注

北燕冯素弗墓出土的罗马玻璃杯

有些人则把酒宴化为政治操纵的舞台。一是因为当时的风气对醉酒失态比较包容，不计较酒后失言，所以人们反而可以利用酒醉（或装醉）来发表一些重要言论。司马炎一心要把皇位传给白痴太子司马衷，诸臣多有议论。大臣卫瓘"每欲陈启废之，而未敢发"，有一次他佯装酒醉，跪在司马炎面前，对皇帝感叹"此座可惜"，意指太子不能堪此大任。然而司马炎知其意，只是问卫瓘醉了没有，并没有改变传位于太子的意思。卫瓘还因此与皇后贾南风结怨，最终在"八王之乱"中被贾后诬陷杀害。

二是因为宴会时人们戒备松懈，有"行大事"的可乘之机。三国时期，蜀汉大臣费祎主管内政，但他为人纯粹，不怀疑他人，过于宠信新附官员，将军张嶷曾写信劝诫，但费祎并未重视。在延熙十六年（253）正月初一的岁首大会上，费祎纵酒寻欢，不及防备，被曹魏降将郭修刺杀身亡。

三是宴会时距离亲近，交谈频繁，有心人可以窃听机密，从事谍报工作。东晋明帝司马绍继位时，大将军王敦掌权，想要废掉皇帝自行篡位。王敦的堂侄王允之忠于晋室，在酒宴期间听到王敦与手下密谋篡位，就强行催吐酒醉的自己，弄得满身污秽再睡，装出醉酒的极度丑态，躲过了王敦一党的怀疑。后来他回到京城建康，把阴谋报告给明帝，使得明帝在后来王敦起兵时占得先机，成功平乱。

权贵重视饮酒、嗜好饮酒的风气，也反映在酒器中。当时的达官显贵以使用玻璃酒器为贵。这些器具多传自西域、波斯乃至罗马帝国，造型精美别致，具有跨越文化与时空的审美雅趣。《洛阳伽蓝记》记载，北魏皇族河间王元琛是一时豪首，与宗室同胞们宴会时，为他们准备了金银美器，自己则珍藏了“水晶钵、玛瑙琉璃碗、赤玉卮数十枚”自用。这些器具“作工奇妙，中土所无，皆从西域而来”，在当时的珍稀程度更在金银器具之上。

在十六国末期的小国北燕，重臣冯素弗的墓葬出土了几件玻璃器具。除了用于宴饮的玻璃碗、玻璃杯之外，还有一只做工极为精巧的鸭形玻璃注，可能用于盛放液体。这些玻璃器具都是钠钙玻璃制品，当时中原地区尚未掌握这种玻璃的制作工艺，研究者判断这些器物是从罗马帝国传入的，玻璃无疑是中外文化与商业交流的重要见证者。从罗马帝国运输到出土地辽宁省北票市，想象一下这些器具一路上的经历，都足以令人心潮澎湃。

长期参加宴会、大量饮酒，使得魏晋南北朝许多官员、贵族乃至帝王沉湎酒气之中，最终误了政事，误了性命，甚至误了国家。这不得不说是一种“蝴蝶效应”。匈奴人刘曜是十六国中前赵（又称汉赵）国的君主，史书记载其文武双全，然而“少而淫酒，末年尤甚”。刘曜与后赵石勒相持许久，但其最终一战的结局极为狼狈：

> 勒至，曜将战，饮酒数斗，常乘赤马无故跼顿，乃乘小马。比出，复饮酒斗余。至于西阳门，撝阵就平，勒将石堪因而乘之，师遂大溃。曜昏醉奔退，马陷石渠，坠于冰上，被疮十余，通中者三，为堪所执，送于勒所。

刘曜在酒醉战败被俘不久后被杀，前赵群龙无首，在残军败将被击溃后灭亡。虽然前赵国力此时已经不如后赵，长期持续作战下去的结果很可能也是败亡，但刘曜的酗酒恶习仍然称得上提前葬送了整个国家。

南朝刘宋的后废帝刘昱是沉湎享乐、残暴无道的典型，他平日以残虐杀人为乐，人生结局也极其荒唐。《资治通鉴》记载，刘昱在一天夜里"至新安寺偷狗"，和僧人煮狗肉分享，饮酒大醉，再回到宫里睡觉。刘昱的亲信杨玉夫本来深得其喜爱，后来却被刘昱威胁要"杀小子，取肝肺"，杨玉夫便在这个皇帝酒酣熟睡的夜里割下了他的头颅。刘昱在位五年出头，死时才十五岁，就已经养成了"与右卫翼辇营女子私通，每从之游，持数千钱，供酒肉之费"的习惯。这种喝酒取乐的风气在少年贵族乃至帝王中如此流行，令后世读者不免咋舌感叹。对于刘昱来说，死前的大醉也只不过是他荒淫人生的一个缩影罢了。

放眼整个魏晋南北朝，最为荒淫无道的要数北齐的皇帝们。他们在历史上大多"望之不似人君"，残暴得像患有精神错乱。这与饮酒也有显然的联系，北齐开国皇帝文宣帝高洋长期酗酒，曾经揣着血淋淋的人头参加宴会，弹人骨琵琶，对着遗骨说："佳人难再得，甚可惜也。"他还因为酗酒经常产生幻觉，喜怒无常，"沉酗既久，弥以狂惑"，一旦动怒就诛杀宗室、大臣，在人生末年更是无法正常饮食，只能饮酒，最终驾崩。武成帝高湛母丧期间置酒作乐，甚至掌掴劝谏的大臣。北齐有一个皇亲国戚叫高伏护，任黄门侍郎，是负责传达皇帝诏书的官员，也是"性嗜酒，每多醉失，末路逾剧，乃至连日不食，专事酗酒，神识恍惚，遂以卒"，与高洋的结局几乎一样。高洋上位初期，北齐国力优于西魏（后来的北周）与南陈，然而随着皇帝与上层官员疯狂酗酒不能自拔，北齐随之动荡、腐败，国力迅速衰落，最终仅存国二十七年，为北周所灭。

酗酒是这些王侯贵族毫无节制，甚至毫无道德底线的重要动因与典型表征。这些人身上体现出的气质，就万万不能与竹林七贤名士风度相提并论，而完全堕入为酒精着魔的"疯度"之中。他们身上显然没有什么看不见摸不着的气质风度，只有腐臭的酒气。

唐：多元奔流的饮食盛世

唐代饮食的新风貌

　　唐文宗开成五年（840）四月十日的下午，几个身披袈裟、头顶竹制大斗笠的僧人风尘仆仆地抵达了青州禹城县（今山东德州禹城市）。为首的那人清点了一下自己的盘缠与口粮，不顾今天已经赶了四十里的路，直奔县城市场而去，其他人则找地方坐下歇脚。那僧人进入市场以后，迅速找到一家粮食铺子，询问店主粮价几何。店主瞧了瞧这个说话颇有外地口音的僧人，对着眼前的粮食，放慢了语速，一个个介绍过去："粟米一斗四十五文，粳米一斗百文，小豆一斗十五文，面七八十文。"

　　僧人露出一副感慨的神情，说道："多谢檀越施主指点。这里粮价还好，登州那边的粮价，粟米一斗都要八十文……"

　　店主应声接道："是啊，登州闹蝗虫，老百姓没饭吃了，不过我们这边还好。你从登州过来，这一路不得饿坏了！"

　　"还好还好。半个月前，我们一行人从寿尚书、张员外、萧处士那儿化来了一些粮食，两天前又有个商人施舍了五升米，不过快吃完了。一路上也承蒙各位檀越施主好意，众人皆无大恙。"

　　"寿尚书、张员外、萧处士？这不是节度使、节度副使、幕府判官三位大人吗！你们来头不小啊，我听你说话也不是本地口音，你们都哪儿来的啊？"

"过奖了。贫僧法号圆仁，与徒弟从日本国来大唐求法。"

"原来是外国高僧，失敬失敬！"店主作揖，僧人也随之回礼。双方交流着见闻，僧人一边买下所需的粮食，继而问店主："不知本地有何人家可以求宿？"

"差不多城西十里有个仙公村，你们可以去那边试试运气。——我看这天气不是很好，要下雨了，你们快点出发吧。"

"多谢檀越施主。"僧人拿上粮食，快速离开了。店主看着他的背影，若有所思地点了点头，继续吆喝做生意。

以上粮价的数据、人名、地名均出自日本高僧圆仁所著《入唐求法巡礼行记》。在这本日记兼游记中，圆仁记载了一路的所见所闻，内容翔实细致，为后世读者还原了中晚唐时期的民生风貌。就在四月十日的前几天，圆仁一行还参加了节度使为儿子生日举办的宴席"长命斋"，又在醴泉寺吃茶歇息。醴泉寺虽不及全盛时期那样繁华，但"宝幡奇彩，尽世珍奇，铺列殿里"，依然保留着唐中宗赐名时的辉煌。不知圆仁参观时会不会回忆起日本遣唐使口耳相传的盛唐气象——当年远渡重洋的日本遣唐使们，大可不必像他这样为粮价操心。

隋末唐初，连年战争严重破坏了社会经济，土地抛荒、流民遍地、商旅不通、民生凋敝。因此唐朝建立伊始，就高度重视粮食生产。《贞观政要》记载，李世民曾说："凡事皆须务本。国以人为本，人以衣食为本。"在唐代文集和奏议中，也多见粮食生产是民生之根本、治国之要务、礼教之前提的说法。唐人还将粮食和国家安危联系在一起，认为粮食生产具有应付灾害、减少官民冲突、巩固边防等作用。

据此，唐朝采取了两方面的措施来提高农业生产：一是劝课农桑，不妨碍农业生产的正常时令节气；二是轻徭薄赋，耕战合一，降低百姓的生产负担。唐朝皇帝多次颁布"不夺农时"的诏书。开元早期，唐玄宗敕命京畿县令："诸县令等：亲百姓之官，莫先于邑宰；成一年之事，特要于春时。卿列在王畿，各知民务，宜用心处置，以副朕怀。农功不可夺，蚕事须勿扰。"在税负徭役方面，在两税改革前，唐朝基本沿袭了租庸调制。这一时期，农民的税负较轻：每丁每年向国家交纳粟二石，纳税比例为四十税一，农民每年服役天数也在合理范围之内。

唐朝及以前，粟（小米）一直是北方重要的粮食作物。著名的唐诗《悯农》有"春种一粒粟，秋收万颗子。四海无闲田，农夫犹饿死"的描述，揭示了中下层平民对粟的深度依赖。粟不仅是北方主要的粮食作物，而且也是唐朝征收的常备粮食：唐朝规定，每个丁男每年给国家缴纳两石粟。新疆吐鲁番出土的唐代文书有国家收取地租的青苗簿底账，藏于日本的吐鲁番大谷文书第 2372 号记载，一块 57.4 亩的土地上种粟面积达 53.4 亩。

20 世纪 60 年代末，考古工作者在隋唐洛阳城遗址东北隅的含嘉城内发现了含嘉仓遗址。70 至 80 年代初，考古学家钻探开掘 287 座粮仓，南北成行，排列整齐。他们发掘了五座，其中 160 号粮仓保存完好，仓内保存的稻米没有完全炭化，部分保持原貌，个别稻种甚至今天还能发芽。粮食之所以能千年不败首先得益于良好的选址，先民选择了地势高、干燥通风的地方，同时在仓底和仓壁采用了一套周密的保护措施。人们先将挖好的粮仓用火烤干，然后在仓底垫上草木灰，再铺上木板。往上和仓壁一样，先铺一层席子，然后铺垫一层谷糠和席子。接着在离

唐代磨面女俑群

地面半米的地方再铺两层席子和一层谷糠，最后盖土密封。这样既能防潮防火，又能防鼠防虫。专家估算，160号粮仓可以储存25万公斤左右的粮食。据唐人杜佑所撰的《通典·食货》记载，唐天宝年间，全国储粮超1200万石，而仅含嘉仓的粮食储量就达580万石，接近全国各大官仓总储粮的一半。

含嘉仓始建于隋朝大业元年（605），在唐朝扩建，用来储存来自关东诸州的粮食，然后向缺粮的洛阳、长安和其他地方转运。含嘉仓外围用城墙保护，城墙东西长612米，南北宽710米，总面积43万平方米。这座城址的东南角即为漕运码头，与大运河和洛河相通，利用大运河从关东接受粮食，然后又通过大运河、黄河向洛阳、长安和其他地方输

洛阳含嘉仓 160 号仓窖遗址

含嘉仓出土的铭文方砖

送。如今，含嘉仓作为中国大运河的一部分，已经成为世界文化遗产。

粟对平民百姓至关重要，而稍有社会地位，或身居高位的官僚也将食用粟米饭作为亲民简朴的表现。史书记载，唐代宰相郑余庆为人清廉，某日邀请同僚在府中宴饮。满座诸公一直等到日头高悬、饥肠辘辘时，才见到宰相大人。这位宰相大人吩咐仆人上菜时"烂蒸去毛，莫拗折项"。大家都以为是蒸制的鹅、鸭，没想到仆人竟从厨房中端来粟米饭和蒸葫芦，诸公大为失望，只能悻悻吃完。这则故事为宋人目为笑谈。粟米饭当然不能与鸭鹅媲美，并非上层待客和食用的首选，所以隋末唐初的诗人褚亮才会发出"黍稷良非贵"的感叹。

官僚贵族的胃口当然不能被粟米饭满足，自然要把目光转向其他食物。粟米主食地位的首要挑战者，正是今日人们更常食用的小麦。

之前笔者提到，作为汉代重要的战备物资，小麦曾被大幅推广种植。但是直到唐朝初年，小麦的地位依然没有高过更易种植的粟。唐初学者颜师古注《汉书》时，还指出民间仍把麦与豆并提，视为"杂稼"，官方征收的主要谷物仍然是粟，麦不过是"杂种充"。唐太宗贞观二年（628）以后，按土地征收的义仓税中，小麦也排在粟之后："其粟麦粳稻之属，各依土地。"可见，当时麦类作物在地位上不能与粟匹敌。丰岁时粮价降低，小麦甚至都不能进入市集贸易中，如麟德二年（665）"大稔，米斗五钱，粳麦不列市"。

中唐以后，小麦的地位有所提高。唐代宗永泰元年（765），京畿地区开始征麦税。而后的唐德宗建中元年（780），两税法更是明确将小麦作为征税的对象，不难看出此时小麦已经与粟平起平坐了。小麦地位的上升与两税法的实施是相辅相成的关系：一方面，麦类地位的上升是税法改革的客观基础；另一方面，税法的实行促进了中晚唐麦作的进一步发展，最终促成小麦取代了粟的地位。唐末或五代成书的农书《四时纂要》提及小麦超百次，已经远远超过了粟。至迟在唐代后期，北方，尤其在关中和华北平原等地形平坦、农业基础深厚、更适合种麦的地区，小麦的种植已无处不在了。

我们从隋唐时期的食谱中也可以看出麦质食物地位的显著上升。唐代官员韦巨源写有《烧尾宴食单》，他升任宰相时为答谢皇帝，举办"烧尾宴"并记录了菜单。两本食谱共记录了主食四十三种，其中三十九种是面食，饭、粥类只有四种，说明当时长安的上层高级官僚以麦质食物为宴会主食。遥远的新疆阿斯塔那唐墓出土了大量小麦制作的点心，亦显示了这一时期麦作农业对北方人民饮食生活的实际影响。

北方以粟、麦为主食，而南方则依旧延续着几千年来种稻的传统。江南、淮南优越的自然条件、完善的水利设施和充足的劳动力是这一地区水稻种植快速发展的主要原因。在初唐至安史之乱爆发前，江淮地区统计的户口数就不断增加，客观上反映了农业生产发展带来的人口增加。江淮地区粮食生产的发展，使稻米在唐朝粮食供应中的地位不断升高。唐高祖武德二年（619），"扬州都督李靖运江淮之米以实雒阳"。唐高宗咸亨元年（670），"天下四十余州旱及霜虫，百姓饥乏，关中尤甚。诏令任往诸州逐食，仍转江南租米以赈给之"。武后时期，大诗人陈子昂上书曰："江南、淮南诸州租船数千艘，已至巩洛，计有百余万斛。所司便勒往幽州，纳充军粮。"以上史料均反映了朝廷常以南方之稻米供北方之需。隋唐时期修成的伟大工程——京杭大运河，就是为了漕运粮食而开凿的。晚唐诗人皮日休为大运河留下了经典名句："尽道隋亡

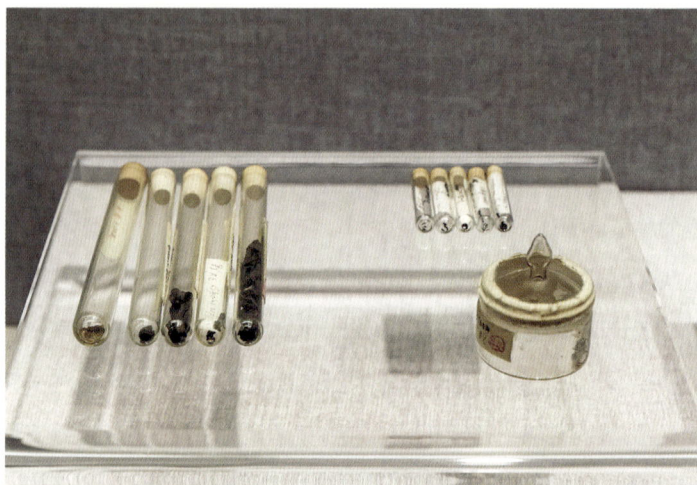

含嘉仓出土的粮食标本

新疆阿斯塔那唐墓出土的唐代面制点心

158

唐三彩牛车

为此河，至今千里赖通波。若无水殿龙舟事，共禹论功不较多。"从造福民生的角度为运河的历史地位"翻案"。

　　成都平原也是传统水稻种植的重要基地，土地肥沃，气候宜农。诗圣杜甫在四川居住期间撰写的诗作中，多有水稻的身影。极富想象力的名句"香稻啄余鹦鹉粒，碧梧栖老凤凰枝"便是在四川写下的。而在阆中南池，诗圣更是感叹"菱荷入异县，粳稻共比屋"，当地水稻之茂盛、稻作农业之兴隆可见一斑。唐代岭南道和南诏、黔中等地区由于人烟稀少，农业发展速度缓慢，水稻种植技术相对落后，但因为水热条件充足，使得水稻可以一年两熟，产量足以满足人民的生活需求。广西桂林铁封山上刻有韩愈的叔父韩云卿撰写的《平蛮颂》，记载了朝廷"逼逐俘虏二十余万，并给耕牛种粮，令还旧居"，这种安抚俘虏的举措，显

159

然需要依托当地政府充足厚实的农耕资源。

唐代先民已经能培育出多种水稻，包括香稻、红稻、粳稻、早稻、晚稻等。在唐人眼中，稻米属于细粮，营养成分相对较高，口感细腻，在唐人饭类食品中占据高位。唐代驿站供应往来的官吏时，只给级别较高的人员提升为稻米饭，一般随行人员则只供给黑饭。在相对干旱的河西地区，稻米出产极为珍贵，稻米饭就专供节度使食用。

唐代百姓在生活中将食用稻米饭作为一种享受，米、鱼相配，更有一番食趣。在诗作《夜归驿楼》中，诗人许浑"早炊香稻待鲈鲙，南渚未明寻钓翁"，便有了旅行途中的一顿美食。杜甫《忆昔》诗云"稻米流脂粟米白"，形象地描绘了当时农业丰收、粮食储备充足的景象：稻米粒粒饱满，仿佛流着油脂，粟米则洁白如雪。稻、粟并提，反映了稻米在盛唐时期百姓粮食中的比重不断上升。

纵观隋唐时期，粟始终是赋税、徭役、仓储等财政以及赏赐活动的计量单位。从这一意义上说，粟在这一时期仍然是主要的食用谷物，但主粮结构的变化趋势已经不可逆。随着稻、麦种植技术的不断发展，粟在口粮中所占的比重逐渐下降，前两者越来越成为百姓依赖的重要粮食作物。据统计，在北魏《齐民要术》的记载中，麦、稻的比重稍少于粟，而在唐末或五代成书的《四时纂要》中，粟、麦、稻作为主粮已经并驾齐驱。晚唐时，由于朝廷失去了对河北的实际控制，维持财政所需要的粮米仰赖江淮地区，形成了"天下大计，仰于东南"的局面。南方的稻米成了维系大唐帝国命运及救济其他地区的关键。唐代主粮结构的变化，奠定了现在中华大地上"北麦南稻"粮食结构的基础。安史之乱以后经济重心南移，显然是因为粮食供给中心从北方的黄河流域逐渐转移到了南方的长江流域。

粮食能否充足供应，决定了唐朝人口的增减，乃至王朝的兴衰。根据现有研究，唐代自高祖至玄宗天宝年间的一百三十余年间，户口数量逐年递增。《通典·食货七》记载："（开元）二十年，户七百八十六万一千二百三十六，口四千五百四十三万一千二百六十五……（天宝）十四载，管户总八百九十一万四千七百九，管口总五千二百九十一万九千三百九。此国家之极盛也。"《唐会要·户口数》亦载："十三载，计户九百六万九千一百五十四。"这是唐代极盛时期的户口数量。而据历史学家的研究，唐朝人口数量在顶峰时期可能达到了6000万至8000万。这种人丁兴旺的盛世气象，自然离不开充足的粮食产量与完善的储备机制。而到了唐朝末年，朝廷权威衰落，赈灾能力下降，百姓流离失所，大量死亡。这就引发了多次农民起义，动摇了唐朝统治的根基，进而为唐朝的灭亡埋下了伏笔。

有唐一代的雄厚农业基础，塑造了大唐盛世。开放国家形成的多元丰富的饮食风貌，亦是盛唐美妙光景中绚丽多彩的一幕。

食疗养生的兴盛

　　人们在满足了口舌之欲后，便进一步寻求延年益寿了。据《周礼·天官》的记载，早在周朝，宫廷就已经出现了食医，掌管周王室的饮食。隋唐五代时期，食疗理论趋于成熟。专门的食疗及饮食养生著作出现，提倡利用食物来治疗疾病，维护健康，并辅助药物预防疾病。后世尊称为"药王"的医学家孙思邈云："安身之本，必资于食；救疾之速，必凭于药。不知食宜者，不足以存生也。"这一观点标志着食疗理论走向系统和深化。

　　孙思邈撰写的《千金要方·食治》与孟诜著、张鼎增补的《食疗本草》等唐代医书都有丰富的饮食养生内容。大致而言，唐人已经具有了比较系统的食疗养生思想和方法，讲究膳食搭配的平衡。《千金要方·食治》将食物分为果实、菜蔬、谷米、鸟兽四大类一百五十余种，然后详细介绍了各类食物的性味、营养和功效。它提倡合理的膳食结构，平衡五味，从而与人体的五脏以及五行、五方相和谐。《食疗本草》则是真正意义上的第一部食疗专著，所收食物二百六十余种。可惜原书早佚，其内容分散在其他各著作的引注中。今本为后人所辑，保存的理论部分较少。作为孙思邈的弟子，孟诜继往开来，不以援引前人文字（如《黄帝内经》《神农本草经》等）为主，而是重视民间食方，比较南北饮食

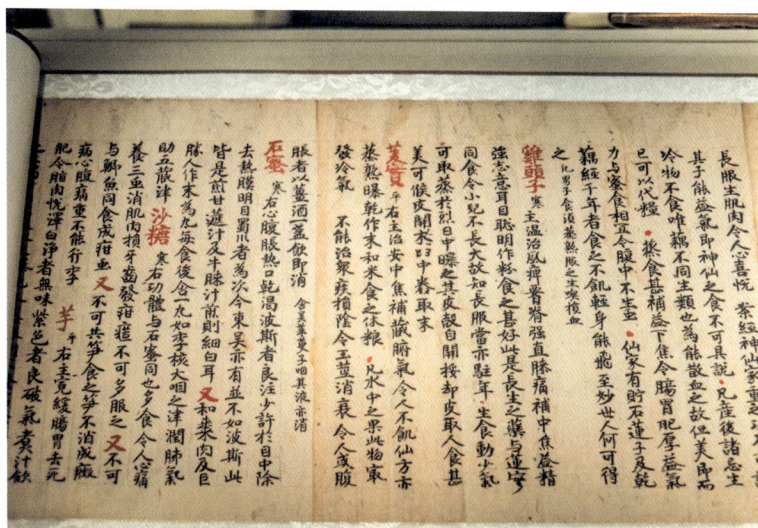

敦煌莫高窟藏经洞所藏五代后唐《食疗本草》钞本（敦煌文献 S.76）
图中可见民间相传的核桃（胡桃）生发之说久已有之，其科学依据还有待验证

习惯，将食疗之学推向了新的阶段。该书还详细记载了一些先前文献较少记载的食物，如唐初从尼泊尔（时称"尼婆罗"）传入的菠菜等。

除了医学，道教也对养生观念产生了重要影响。孙思邈除了是医家，还是一位有名的道士，在其所著医书中注入了自己信奉的道家内修理论。道士的一些饮食也来到民间，成为广大民众所喜食的佳肴。其中青精饭（又名乌饭）尤为知名，现今仍是江浙一带寒食节常做的食物。其做法首见于南北朝道士、医学家陶弘景的《登真隐诀》，用南烛树（即乌饭树）茎叶的汁水浸米蒸成。《本草纲目》引孙思邈《千金月令方》载："南烛煎：益髭发及容颜，兼补暖。"杜甫在《赠李白》一诗中提及青精饭:"岂无青精饭,使我颜色好。苦乏大药资,山林迹如扫。"诗中羡慕道士可以修身养性,而李白本人对道教也有相当造诣,杜甫借此传达了对李白逍遥生活的羡慕。唐末陆龟蒙收到友人相赠的一碗青精饭,便高兴地回复道:"旧闻香积金仙食,今见青精玉斧餐。自笑镜中无骨录,可能飞上紫云端。"似乎陆龟蒙吃完青精饭之后就能立刻飞升成仙了。到了北宋时期,诗人刘挚在友人家中过上了"案头日有青精饭"的"神仙生活",可见青精饭在民间长盛不衰。

受丰富多彩的酒文化熏陶,唐代文人士子多纵酒消遣。杜甫所作的《饮中八仙歌》更是饮酒士人的典型群像,其中的"李白一斗诗百篇"更是一时美谈。但是过分饮酒对身体有害。《云仙杂记》载,《饮中八仙歌》最先提到的贺知章"忽鼻出黄胶数盆,医者谓饮酒之过",想来令人心惊胆战。而在食疗养生学说普及以后,人们在酿酒时也喜欢加入一些草药,以缓解酒的伤害。《食疗本草》就提及石燕、地黄、生姜、牛蒡、小茴香、吴茱萸、炒鸡蛋等食材、药材均可入酒,各有奇效,而甘蔗、羊头中髓、狸骨等则不可与酒同食。因之,唐代调制药酒得到了很大的发展,这也是受到养生观念的影响——今天,年轻人追捧的"可乐泡枸杞"与唐人生姜配酒的食疗方式,或许有异曲同工之妙。

茶饮之清风

提到大唐时期的饮食养生，就不能忽略一种当时极为流行、影响更为深远的饮品，也就是茶。唐朝是茶文化正式形成并普及全国的全盛时期，而要讲清楚唐代茶饮之风，我们不妨回顾一下茶的历史。

中国是茶的故乡，是世界上最早种植茶树并饮茶的国家。根据2001年杭州跨湖桥遗址的考古发现，我国先民最早在距今8000年前就种植茶籽、采集茶树来煮茶了。2018年，山东邹城的邾国故城遗址的一座战国墓葬出土了先民饮茶的直接证据——茶叶的炭化残留物。经研究，这些残留物是经过煮泡的茶叶残渣，在世界范围内属首次发现，将中国人饮茶的历史提前到了战国早期。在此之前，考古发现的最古老的茶叶出自西汉景帝的阳陵，距今2100多年。

如果不算上述的考古发现，仅仅依靠传世文献的记载，那么四川就是最早饮茶的地区。西汉王褒所作的《僮约》就有"武阳买茶"，是蜀地饮茶、买茶最早的文字描述。不过在中唐以前，茶常常不叫"茶"，成都人司马相如将其称为"荈诧"，其他的名称还有"茗""蔎"和"槚"等。魏晋南北朝时期政局动荡，流落到北方的南朝流民便把饮茶的习惯带到了北方。上一章提到，王肃在北魏饮茶，引得部分北魏官员效仿，但不成气候。隋唐一统之后，南北交流日益密切，饮茶风俗也终于在北

唐阎立本绘《萧翼赚兰亭图》，再现了唐代饮茶的场景
图为宋代摹本，现藏于辽宁省博物馆

方落地生根。在饮茶风俗扩散的过程中，僧人也起到了重要作用。僧人看重茶的提神作用，因而广泛种植和饮用茶叶。随着南北朝的佛教大兴，茶在信众中得以推广，由此进入社会各阶层的视野。到了唐代，茶文化真正进入了全盛时期。茶从山野植物变为寺院饮品，最终走进了文人的书斋，进入了大众的视野，逐渐形成了系统的文化。

"茶圣"陆羽对茶文化的发展做出了不可磨灭的贡献。安史之乱后，陆羽逃亡江南，到达湖州，和当地文人广泛交游，品茶吟诗，并深入各座茶山，收集大量资料，对茶叶、水源和茶具做了深入而细致的研究。他于上元二年（761）写成《茶经》一书，现存版本仅七千余字，就周详地覆盖了采茶、烹茶、饮茶、茶具、茶道、茶史等各个方面，是目前世界上存世最早的全面介绍茶叶的书籍。《茶经》问世之后迅速流行，受到各方的推崇。《新唐书》记载，当时卖茶的商贩为了纪念陆羽的功绩，甚至为他塑像，把它放在烧茶水的灶间，拜他为茶神。后世文人高度评价陆羽的功绩，如欧阳修《唐陆文学传》云："茶之见前史，盖自魏、晋以来有之，而后世言茶者必本陆鸿渐（鸿渐即陆羽字，引者注），盖为茶著书自其始也。至今俚俗卖茶肆中，尝置一瓷偶人于灶侧，云此号陆鸿渐。"自陆羽以降，茶的众多别名逐渐消失，"茶"成了最为人熟知的名字。饮茶品茶之风席卷唐朝的各个阶层，茶文化也走上了新的高峰。

随着饮茶之风的盛行，茶叶开始受到深宫禁内的注意，贡茶逐渐成为历朝历代的一项制度。据不完全统计，唐代共有十七个州所属的十九个郡府进贡茶叶，地域包括现在的江苏、浙江、安徽、四川等十个省。起初，贡茶并未形成一套固定的制度，茶叶从松散的茶户手中收购而得，显然不利于贡品的保鲜和集中运输。由于陆羽认定湖州顾渚山紫笋茶是茶中上品，唐朝宫廷遂在大历五年（770）在顾渚山侧的虎头岩设立了贡茶院，从产地直供朝廷；"诸乡茶芽置焙于顾渚，以刺史主之，观察使总之"，由此开启了唐朝"天子须尝阳羡茶，百草不敢先开花"的官焙茶叶时代。

远在敦煌的人们也受到了茶文化的熏陶。敦煌文书中有一篇《茶酒论》，为唐朝文人王敷所作。它在中原失传已久，但有多个唐末或五代时期的抄本在敦煌莫高窟的藏经洞保存下来。整篇文章以拟人化的手法展开，描述了茶与酒的对话，双方夸耀自己，攻击彼此，最终由水来平息争议。文中茶自夸道：

> 浮梁歙州，万国来求，蜀川流顶，其山蓦岭，舒城太湖，买婢买奴，越郡余杭，金帛为囊。素紫天子，人间亦少；商客来求，舡车塞绍。据此从由，阿谁合少？

这一段话生动展现了唐朝茶叶贸易繁荣、茶叶产区因茶而富的盛况。

中国本土茶文化的发展与传播，对周边国家产生了重要影响，尤其是同属汉字文化圈的日本与朝鲜。日本延历二十四年（805），日本天台宗创始人最澄大师从唐朝带回茶籽，后来形成了日本最古老的茶园——日吉茶园。日本弘仁六年（815），嵯峨天皇收到大僧都永忠进献的茶，随后下令在近畿地区种茶并每年向宫廷进献茶叶。此后，日本僧人不断为日本引入茶种，皇宫、寺院之间的品茶之风因此兴起，茶会也成了当时日本的高雅社交活动。

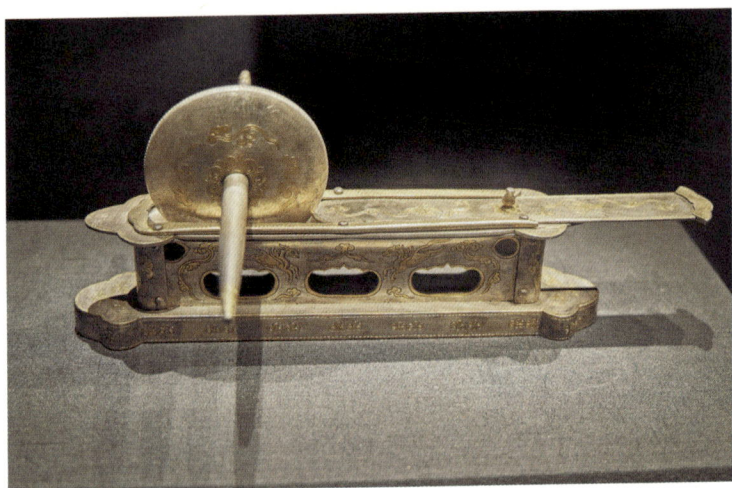

陕西法门寺出土的唐代鎏金鸿雁流云纹银茶碾子

陕西法门寺出土的唐代金银丝结条茶笼子

在朝鲜半岛，据高丽史书《三国史记·新罗本纪》记载，兴德王三年（828），新罗国派遣使者入唐，"入唐回使大廉持茶种子来，王使植地理山，茶自善德王有之，至于此盛焉"。这里提及的善德王是新罗的一位女王，唐初年（632—647 年）在位。这样看来，朝鲜半岛从茶叶流入到真正流行饮茶也花了近两百年。不过，这一时期朝鲜半岛的茶叶种植技术并不发达。朝鲜的"儒学之宗"崔致远在晚唐为官，还特地预支了三个月的俸禄为父母买茶和药，与家书一并寄回新罗的家中。后来，北宋使者徐兢出使高丽，归国后写成《宣和奉使高丽图经》。据该书记载，自高丽本地产茶直到北宋宣和六年（1124），朝鲜茶苦涩得难以入口，当地人更喜欢中国的茶叶，还盛行仿制中国的茶具。

在大唐盛世之期，茶已经走出国门，进入周边国家与民族的生活之中。这时的茶叶已经超越单纯的商品，成为唐朝饮食输出与文化输出的重要体现。自唐以来，茶叶逐渐受到周边国家与民族的欢迎，至今仍是重要的外销产品。

万国衣冠的饮食交流

为了加强对茶叶贸易的管理，唐朝首先实行了专门的"茶马互市"，继而创立榷茶制，将茶叶官营官卖，政府收取茶税。虽然榷茶制后来在唐朝没有真正实施，但是为宋代的榷茶制打下了基础。

就外交而言，这些政策针对的是与大唐"恩怨情仇"不断，而茶马贸易不绝的吐蕃。据不完全统计，自唐太宗贞观八年（634）吐蕃赞普松赞干布派遣使者第一次到访大唐，至唐武宗会昌年间吐蕃瓦解（842年，或说846年），两百余年间，双方使臣来往不少于191次，其中唐使入吐蕃66次，吐蕃使入唐125次。在不断的文化交流中，饮茶习俗进入藏地，茶叶成为当地人民的生活必需品。这是因为西藏气候干燥寒冷，而吐蕃百姓主要从事畜牧业，吃的多为乳酪和肉食，不易消化，而饮茶既能助消化，又能生津止渴。唐太宗将文成公主许配给松赞干布时，就在她的嫁妆里增置了茶叶。唐代李肇所著《唐国史补·虏帐中烹茶》则记载了这样一则趣闻：

常鲁公使西蕃，烹茶帐中，赞普问曰："此为何物？"鲁公曰："涤烦疗渴，所谓茶也。"赞普曰："我此亦有。"遂命出之，以指曰："此寿州者，此舒州者，此顾渚者，此蕲门者，此昌明者，此溷湖者。"

常鲁公即常伯熊，中唐时期封演的《封氏闻见记》记载，他是为陆羽《茶经》润色的茶学大师。他出使吐蕃据传是在唐德宗建中二年（781），而赞普轻而易举掏出中土的多种名茶，可见当时吐蕃已经盛行饮茶之风。吐蕃人煮茶时，喜欢往茶汤中添加盐和酥油一起熬煮，从而创造出独具民族风味的酥油茶，并搭配青稞粉食用，这些饮食习俗都流传至今。

如此大量的茶叶贸易，必然需要交通网络的支持。在中国西南地区，主要用于运输茶叶的路网开始形成。其雏形很可能由运输食盐的马帮开拓，但在唐与吐蕃开始茶马贸易之际，这个路网也摇身一变改为运输茶叶，于是就有了"茶马古道"的美称。从大理到成都的五尺道、灵关道，还有从大理到印度的博南道，均是其中的主要道路。茶马古道往往沿江而行，而江边的村落为商队提供补给，所以茶马商队也变相促进了沿途村落、乡镇乃至城市的发展。

除了茶叶，藏人还通过茶马古道引入了许多中原的技术与作物。继文成公主入藏后，唐高宗初年，"因请蚕种及造酒、碾、硙、纸、墨之匠"，获得了大唐皇帝的批准。中宗时，金城公主入藏，再次带去大批中土的蔬菜种子。在之后的岁月里，茶马古道依然具有旺盛的生命力，成为西南地区的商业命脉。在抗日战争时期，它们还为战争物资的运输发挥了巨大作用。

除此之外，其他周边民族与国家也深受大唐饮食文化风尚的影响。回鹘，又称回纥，是唐朝以北或西北地区的草原部落联盟。回鹘人与吐蕃人一样，与中原的大唐王朝进行茶马贸易。《新唐书》记载："时回纥入朝，始驱马市茶。"另据传，晚唐时唐和回鹘的某次茶马贸易中，回

阿斯塔那出土疑似毕罗的面点

鹘使者不要茶叶，而要用千匹良马换取《茶经》一书。最终，唐朝宫廷在皮日休的帮助下得到一份手抄本，将其付于回鹘。这也说明回鹘人对于汉地饮食有"知其所以然"的求知欲，看重种植技术与饮食理论的引进。

回鹘人卖马等牲畜给唐人，换取的不仅仅是茶，还有其他农作物以及布匹、绢等手工产品。安史之乱时期，唐朝每日犒赏前来平乱的回纥骑兵"牛四十角、羊八百蹄、米四十斛"，也就是用牛羊肉和稻米招待他们。受中原文化影响，回鹘人的饮食开始发生剧烈变化，以至于他们在唐宪宗元和九年（814）的《九姓回鹘可汗碑》（位于今蒙古）中不禁感叹："薰血异俗，化为茹饭之乡；宰杀邦家，变为劝善之国。"

唐海兽葡萄纹铜镜

　　反过来，大唐的饮食也受到了周边民族或国家的影响。唐代有广为民众喜爱的外来食物，叫做"毕罗"，字或加"食"字旁作"饆饠"。虽然毕罗曾经广受欢迎，但它的形态，学术界始终莫衷一是。其发明者也有吐蕃人、印度人、粟特人等多种说法。萧梁时期的字典《玉篇》（后有宋人增补）以及宋人续修的韵书《广韵》都提及了毕罗，认为是饼和饵一类的食物，这样来看当属面点。唐代军书《太白阴经》记载，"饆饠一人一枚，一万二千五百枚。一斗面作八十个，面一十五石六斗二升五合"，亦证明毕罗是面点，而且体积较小。新疆吐鲁番的阿斯塔那墓葬出土了一些唐代面点，一些学者因此认为毕罗是一种圆筒状、内含馅料的面食。

毕罗刚传入时，尚带有浓郁的外域色彩，馅中放蒜，味道辛辣。《西阳杂俎》记载了一则奇闻，长安城的东市有家毕罗店，其味道之浓烈，竟然让"鬼掩鼻不肯前"。后来毕罗的馅料逐渐本土化，晚唐韩约所制的"樱桃毕罗"，就是馅里放樱桃，变辣为甜。

上一章提到的胡饼，在唐代继续流行。本章开头提到的日本和尚圆仁在长安时曾受赐胡饼，并称当时"时行胡饼，俗家皆然"。白居易还曾模仿京都名店辅兴坊的工艺，亲制胡麻饼送与朋友杨敬之，并作七言绝句《寄胡饼与杨万州》一首："胡麻饼样学京都，面脆油香新出炉。寄与饥馋杨大使，尝看得似辅兴无？"

另一种唐代广受欢迎的外来饮品是葡萄酒。如前文所述，汉末乃至南北朝时期，葡萄酒都是极其珍贵的酒类，这是因为葡萄在中土种植较少，而且中土人民不知如何酿制葡萄酒。《隋书》记载，高昌国"多蒲陶酒"，唐初侯君集平定高昌后，引入了葡萄酒的酿制方法。《唐会要·杂录》载：

> 及破高昌，收马乳葡萄实，于苑中种之，并得其酒法，（太宗，引者补）自损益造酒。酒成，凡有八色，芳香酷烈，味兼醍醐。既颁赐群臣，京中始识其味。

葡萄酒因为大唐天子的重视乃至亲自调制，得到了迅速普及。盛唐时期"葡萄美酒夜光杯，欲饮琵琶马上催"这样的千古名句应运而生。刘禹锡也写过一首《葡萄歌》，感叹"酿之成美酒，令人饮不足"。后来，唐穆宗饮凉州葡萄酒，评价道："饮此顿觉四体融合，真太平君子也。"唐朝人还学习波斯的葡萄纹,将其刻在圆盘、铜镜、砖瓦等器物上,展现了唐人对葡萄的喜爱之情。

除了葡萄酒,还有不少种类的外来酒进入了中土人的视野,大大丰富了这一时期人们的饮品。据《隋书》记载,赤土国(位于今中南半岛或马来群岛)有甘蔗酒、椰浆酒,当地人用金钟盛酒来招待隋朝使者,礼遇甚厚;据《旧唐书》记载,诃陵国(位于今印度尼西亚中爪哇省)有椰花酒。椰子酒或椰花酒也出现在一些唐人诗作中,甚至椰子壳也有时充作酒杯使用,晚唐诗人陆龟蒙寄诗给琼州(海南)的友人,便说"酒满椰杯消毒雾,风随蕉叶下泷船"。南海之外,波斯也有酿酒技术进入大唐。《唐国史补》记载:"又有三勒浆类,酒法出波斯。三勒者,谓庵摩勒、毗梨勒、诃梨勒。"这里提到的三勒实为产于岭南和西域的植物,三勒酒就是三种植物酿制而成的酒,可以解暑祛瘟,健脾消食。

有外来的胡酒,自然也有专营胡酒的店家。这些经营酒肆的胡人在当时叫做"酒家胡";胡人妇女,雅称"胡姬",在店里招呼顾客。李白《少年行》有云:"五陵年少金市东,银鞍白马度春风。落花踏尽游何处,笑入胡姬酒肆中。"无论"五陵年少"这种风流倜傥的富家子弟,还是当时的平民百姓,都可进入胡人酒肆,纵情享受美酒带来的快乐。

宋：市井的饮食

进击的猪肉

北宋神宗元丰年间（1078—1085），清晨，黄州城外的临皋亭旁，偶见几个行色匆匆的行脚之人。在一片静谧中，依稀可听到一阵声响。原来林后的一座院子里，一个文士打扮的中年人正侍弄架在泥炉上的锅子。他往锅中加水，只倒一下，水量便不差分毫，约四五分上下。水中隐现着几块小而见方的猪肉，没有完全淹没在水中。这人俯身拾起了地上长只数寸、仅一指粗细的木柴，拢共七八根都塞进了炉中。炉中看不见半点明火，若不是木柴燃烧后的碎裂声和锅中水逐渐冒起来的泡，几乎让人觉得这人一点不会摆弄炉火灶。那人把盖子盖上，便轻飘飘进屋了，而逐渐升起的缭绕烟火将炉子包围起来。少时，便听得院中传来一声"妙极！"——想来他是对自己的杰作心满意足了。

这人即是遭到贬谪的苏东坡，此时已在黄州居住数年。这数年间，除了寻朋访友，他也开荒种地，展现出侍弄美食的浓厚兴致。对于烹煮猪肉，他颇有心得。一来二去，这猪肉的做法竟就此流传下来，成了今天风行神州的"东坡肉"。苏东坡《猪肉颂》如是说：

净洗锅，少着水，柴头罨烟焰不起。待他自熟莫催他，火候足时他自美。黄州好猪肉，价贱如泥土。贵人不肯吃，贫人不解

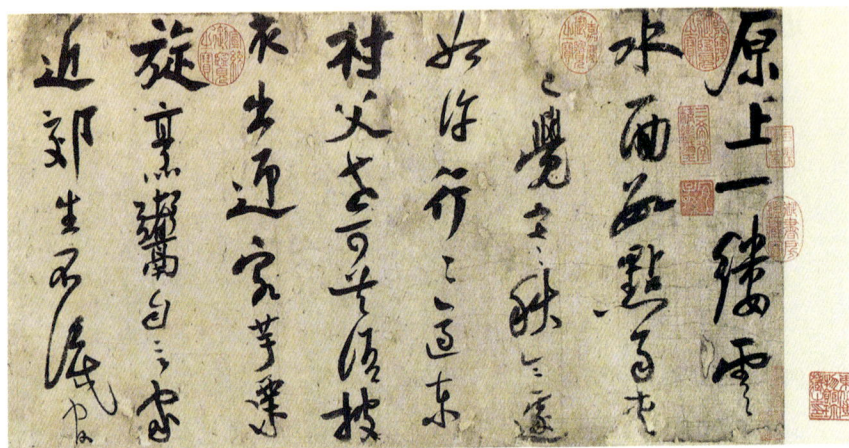

陆游八十岁时所书的《自作诗卷》节选，此为《记东村父老言》部分
"披衣出迎客，芋栗旋烹煮"一句，写明了陆游受到了父老的殷勤招待

煮，早晨起来打两碗，饱得自家君莫管。

这篇诙谐幽默的小文没有提及东坡肉的繁复工序，倒是说明了猪肉在宋人眼中的地位：黄州猪肉颇为上乘，但价格贱若泥土。上层社会完全不肯食用猪肉，下层民众似乎不太烹饪猪肉以至于"不解"烹调之法。这背后其实是猪肉在国人餐桌的一番沉浮历史。

在众多家畜中，猪是产肉效率最高的。自新石器时代到西汉时期，我国先民其实一直在养猪。两汉之际，猪肉的食用比重不断上升，但这个上涨趋势最终遭到魏晋时期南下的游牧民族的拦截；食羊肉的风气席卷中国，尤其在北方、西北地区。如魏晋南北朝一章所述，《洛阳伽蓝记》曾言"羊者是陆产之最，鱼者乃水族之长"，反映了当时北方的家畜中羊肉占了支配地位。隋唐贵族阶层浸染胡人生活习气颇深，喜食羊肉而甚少食用猪肉。这种风气一直延续到北宋开国之后。宋人笔记和史书记载了宋代宫廷重羊贱猪的情况。南宋李焘编撰的《续资治通鉴长编》记载，北宋哲宗年间"御厨止用羊肉"，视作"此皆祖宗家法，所以致太平者"。至于猪肉，北宋陈师道在《后山谈丛》中指出"御厨不登彘肉"，也就是说猪肉根本不入皇帝法眼。在民间，羊的地位也高于猪。在北方地区的墓葬壁画中，羊与猪的放牧图都很常见，但羊可以与莲花、灵芝等搭配，具有美好吉祥的寓意，而猪就没有这种待遇了。

然而，北宋无法将燕云十六州与河西走廊纳入自己的疆域之内，这就意味着北宋实际上缺乏养羊的土地，人们需要从北方民族手中购买以满足自己的食用需求。北宋真宗咸平末期的一场君臣对话，反映了朝廷对于从西北大量采购羊的担忧：

> 上谓宰臣曰："御厨岁费羊数万口，市于陕西，颇为烦扰。近年北面榷场贸易颇多，尚虑失于蓁牧。"吕蒙正言洛阳南境有广成川，地旷远而水草美，可为牧地，即遣使视之。

宋廷每岁在西北购买榷场羊，既耗费大量金钱，也不利于国内的畜牧发展，乃至不利于边境稳定，因此想要另寻养殖地。然而养出肉质鲜美的羊并不容易，直到熙宁三年（1070）北宋才不再购买榷场羊。宋神宗时，御厨一年要支出"羊肉四十三万四千四百六十三斤四两，常支羊羔儿一十九口，猪肉四千一百三十一斤"——不受待见的猪肉实际上也出现在了御膳中，不过占比相当微小，与羊肉的比例达到了悬殊的1∶105。

即便到了南宋，失去淮北领土而偏居南方的宋人仍然对羊肉念念不忘，仿佛是在回忆居于中原地区的荣华岁月。他们培育出了耐湿热的特殊品种"湖羊"以满足口腹之欲。民间也有诗曰："平江九百一斤羊，俸薄如何敢买尝。只把鱼虾充两膳，肚皮今作小池塘。"想买羊肉，但可惜囊中羞涩，只能吃鱼过日，嘲笑自己的肚皮成了"小池塘"。

黄州猪肉价格贱如泥土，是这种饮食结构的真实写照，但宋代文人群体也记录了猪肉的"逆袭"。除了苏东坡外，陆游也是喜食猪肉的大文豪，在《贫居时一肉食尔戏作》中戏称道："怪来食指动，异味得豚蹄。"虽然猪蹄是常人眼中的"异味"菜肴，但还是好吃得让人食指大动。他的另一首诗《蔬食戏书》云"东门彘肉更奇绝，肥美不减胡羊酥"，直接将猪肉与尊贵的羊肉进行了比较。《游山西村》的"莫笑农家腊酒浑，丰年留客足鸡豚"诗句，更是为人熟记至今。

值得注意的是，苏、陆二人写下这些诗作时都在南方生活。南方人食猪肉相对北方人较多，一是因为南方相对潮湿的自然环境适合养猪，而不适合养羊；二则因为延续南朝的饮食传统，人们仍然喜欢猪肉。猪肉重新取得优势，其实反映了两宋之交经济重心进一步南移、人口不断南迁、江南开发加快等历史背景。一份南宋宫廷的菜单《玉食批》显示，羊肉菜肴只有酒煎羊、羊头签、羊舌签，而以猪肉为食材的菜品则有酒醋白腰子、焙腰子、炸白腰子、荔枝白腰子、猪肚假江鳐等，羊肉在御膳食中不再独占鳌头。民间猪肉生意也相当红火，南宋末年吴自牧《梦粱录》记载："杭城内外，肉铺不知其几，皆装饰肉案，动器新丽。

每日各铺悬挂成边猪，不下十余边。如冬年两节，各铺日卖数十边。"

经过南宋一代的转换，人们的首选肉食逐步由羊肉转变为猪肉。满族人喜食猪肉，因此肉食转换的趋势在清代得以进一步强化。南宋以后的七八百年，随着养猪业与农业生活的深度结合，猪肉在中国人的饮食结构中扮演的角色愈发重要，再也不是人们"不肯吃""不解煮"的冷门食物了。《猪肉颂》等诗作与史料，折射出的是中国人肉食结构的不断变化。透过这些文献，我们得以在近千年以后看见上至王公贵族，下到市民百姓的餐桌，窥见两宋独特的饮食风貌。饮食的故事，就这样进入了两宋的篇章。

经济格局的变化

猪肉地位的提高只是两宋时期饮食变化的一个片段。这一时期饮食结构的变化，根源来自南方经济的兴起。

纵观安史之乱、黄巢起义、晚唐藩镇割据、五代十国的战乱等时期，南方虽并非完全太平，但相对北方而言，南方遭受的重大战事较少，政局比较稳定。自安史之乱后，大量北方人口南迁，亦推动了南方的农业与经济发展。由唐入宋，南方的经济发展逐渐超过北方，出现了众多通过贸易和手工艺立足的市镇和港口城市。它们相互之间构成区域贸易网络，开展茶、酒和海鲜、羊肉、果蔬等饮食的长途贸易。农业生产和饮食加工行业的繁荣正是南方经济发展的突出表征之一。

上一章已经提到，唐朝始终从南方运输稻米到北方充实粮库或赈济灾民。到了晚唐，朝廷更是仰赖南方的粮食供应。北宋时期南方作为粮食产地的地位进一步升高，"苏常熟，天下足"（后变为"苏湖熟"）的说法正是从北宋开始的。从现存史料上看，两宋时的两浙路、江南东西路、福建路和成都府路是全国开辟土地最多的区域，均在南方。福建提供了自越南传入的占城稻，因其"穗长而无芒，粒差小，不择地而生"，还具有早熟、耐旱的特性，很快成为中国稻作的主要支柱。新增的大量土地与优秀的稻种增加了可观的粮食收成。也正因此，北宋官府每年通

图为《清明上河图》局部，店家旗帜迎风飘扬，店前顾客云集

在挂着"正店"招牌的高档酒楼之中，宾客坐在二楼或三楼俯瞰街景

过漕运从江浙一带运往开封等地的稻米多达六七百万石。有了南方充足的粮食产量作为支持，宋代的经济繁荣达到了前所未有的地步，北宋也因此养活了中国历史上首次过亿的人口。整体富足的生活使得中产阶级拥有了对生活情趣的追求，民间文化也因此得到了长足的发展。进入南宋以后，南方彻底取代北方成为全国的经济文化中心。

粮食产量的充足、商业贸易的发达，使得宋代的富人得以积攒并享用大量的粮食，这也导致了富贵人群的铺张浪费。晚年的宋神宗动辄"一宴游之费十余万"，把早年励精图治的初衷抛诸脑后了。南宋文人张端义在其笔记《贵耳集》中记录了一则令人瞠目的故事：宋徽宗宠幸的佞臣王黼，时人斥为"六贼"之一，他在开封的住宅紧邻佛寺，每日寺庙的僧人都拣选王宅流入沟中的米饭，洗净晒干后储存起来，几年下来积攒出足足一仓。当然，将多余的粮食用于慈善的人，亦为人所铭记。据著名志怪笔记小说集，洪迈的《夷坚志》记载，同样是在宋徽宗大观年间（1107—1110），黄州有一位董助教，在灾荒时期做饭做饼招待饥民，即使被饥民冲倒在地也毫无怨言，他只是增设了栏杆来维持秩序，继续布施行善，一直持续了百余日，助人不计其数。这一时期农业与商业的发达导致了一定程度的贫富不均。对此，宋代朝廷沿用中晚唐及五代十国时期的两税法，实行"以贫富为差"的征税原则，希望更好地改善民生，确保经济发展。

物产的高度丰富推动了城市经济的蓬勃发展，改变了城市的布局规划。在较大的城市如"北宋四京"（东京开封府、西京河南府、南京应天府、北京大名府）、杭州府、泉州府、成都府等，严格的里坊制度松弛，夜间经济迅速发展，大量周边人口可以相对轻松地进入城市销售、运输、采买、消费。

唐末五代十国以来，商业的迅速发展频频冲击着里坊制度。后周世宗柴荣鼓励开封居民向街开门，允许在较宽的街道旁边建造商铺和搭盖凉棚，从而打破了里坊围墙的限制。进入北宋后，里坊围墙一再被打破，历代都城常见的棋盘式布局不再明显，街市呈现出开放随意而乱中有序的姿态。当时许多住在城里的百姓纷纷以房为店，或前店后家，面向大街开门做生意。传世名画《清明上河图》描绘了汴京城中琳琅满目的商铺，包括各种酒楼、肉铺、海货铺、饮水铺、酒肆、茶肆，反映了汴京内城东南"商圈"的繁华景象。在大都市的大街小巷，各家商铺出售的肉类、茶叶、饮料、果蔬，由全国的物资供应链进行保障。只要花上一定的价钱，就可以在城中大快朵颐。

历朝历代延续的宵禁制度也有所松动，两宋时期上元、中元、下元、冬至、新年、元宵等节日不再实行宵禁。无论达官贵人还是平民百姓，大家一起欢庆佳节，家家灯火，处处喧闹。北宋重臣韩维有诗云："前时官家不禁夜，九衢艳艳烧明釭。彩山插天众乐振，游人肩摩车毂撞。"不禁夜的晚上，市民们热闹欢乐的游玩场景照亮了夜空。北宋末期至南宋中前期，宵禁更加宽松，促生了发达的夜市经济。汴京有著名的"州桥夜市"，店家营业直至半夜三更；各类小吃价格便宜亲民，还随季节更换菜单。临安夜市则是"买卖昼夜不绝，夜交三四鼓，游人始稀"。店家除了卖琳琅满目的小吃，还会兜售花样繁多的玩具。

放眼城市之外，近郊还分布着大量靠近交通要冲的"草市"，承担次一级的贸易和商业功能。苏东坡写自己在广东惠州时"箕踞狂歌老瓦盆，燎毛燔肉似羌浑。传呼草市来携客，洒扫渔矶共置尊"，既展现了自己吃烤肉的豪爽畅快，也写出了草市饮食业的繁荣。草市再往下则有乡村集市，还有路边山间挑担行走的卖货郎，进一步完善了这种贸易体系。一些草市甚至发展成了新的商业区，形成了新的城镇。高度的商业化也使得食肉、饮酒、喝茶不再是官宦人家的特权，而是一种跨越阶层之分的普遍行为。它还突破了地域限制，使得开封、临安这样的超级大城市得以汇集各地最为顶级的饮食，引领社会的饮食风尚。

市井珍馐与饮食业的发达

以发达的农业生产与商业经济为基础，宋代的市井饮食达到了前所未有的丰富程度，在众多层面改变了人们的生活习惯与风尚。

宋人极为喜爱面食。花样百出的面制品也是城市中日常售卖的食物，人们常统称它们为"饼"。北宋黄朝英的《靖康缃素杂记》云："火烧而食者呼为烧饼，水瀹而食者呼为汤饼，笼蒸而食者呼为蒸饼。"三者都相当流行。城中居民往往可以在"坐贾"和穿梭在城中的"行商"处买到面食。《水浒传》描写的武大郎沿街卖炊饼，在北宋的城市中是十分常见的景象。苏轼笔下"碧油煎出嫩黄深"的"寒具"，可能是类似今日的油条、麻花或馓子之类的食物，也是街头的常见食物。江苏昆山有一种名为"棋面"的挂面，"细仅一分，其薄如纸，可为远方馈，虽都人、朝贵亦争致之"。民间和上层社会还大量食用包子、馄饨、馉饳等面食。南宋王栐的杂史《燕翼诒谋录》记载，宋仁宗降生后，真宗喜悦万分，于是赏赐给臣下金珠包子，其中皆装满金珠为馅。而著名权臣蔡京非常喜食蟹黄馒头，即为蟹黄包子，府中专有"包子厨"。

在当时的汴京城中，面食不需要在家中亲自做，可以方便地上街购买。城中饼店如云，互相展开相当激烈的竞争；为了招徕顾客，饼店的品种花样不断翻新，层出不穷。市场化的商业竞争还直接催生了"知名

《清明上河图》中的平民饭店

《清明上河图》中出现在街上的猪（图中偏左）

河南登封唐庄宋墓的北宋晚期壁画，展现了当时的人们坐姿饮食的生活方式

品牌"的出现。孟元老《东京梦华录》记载了都城内的"张家"和"郑家"二店：

> 凡饼店，有油饼店，有胡饼店。若油饼店，即卖蒸饼、糖饼、装合、引盘之类。胡饼店即卖门油、菊花、宽焦、侧厚、油砣、髓饼、新样、满麻。每案用三五人打剂、卓花、入炉。自五更卓案之声远近相闻。唯武成王庙前海州张家、皇建院前郑家最盛，每家有五十余炉。

至于米粥、米饭一类的饭食，在南方更为流行，在北方则人气稍逊。描述临安的《梦粱录》，比起回忆汴京的《东京梦华录》，提到粥饭类食物的次数明显更多。临安城中诸多粥铺售卖着七宝素粥、五味肉粥、糖豆粥、三色炙润鲜粥、粟米粥、腊八粥等多种粥食。腊月二十五，家家户户无论士庶都会煮用来祭祀食神的"人口粥"，本质上是一种红豆粥。

不过，由于北宋灭亡后大量北方移民进入南方，在南宋时期，南方的市井面食也十分发达。在临安府随处可见三鲜面、鸡丝面（当时称"丝鸡面"）、笋泼肉面、炒鳝面等时至今日南方依然流行的面食。面食店亦提供饭食。大都市的市井饮食呈现出明显的南北融合的趋势。《梦粱录》对此感叹道："南渡以来，几二百余年，水土既惯，饮食混淆，无南北之分矣。"

除了主食以外，两宋时期的蔬菜种植极为发达，在餐桌上占有一席之地。不少志书和文集都记载了丰富的蔬菜物产，甚至出现了像《菌谱》和《笋谱》这样专门描述某类蔬菜的书籍。《淳熙三山志》著录的临安府的蔬菜有生菜、菠菜、黄瓜、冬瓜、江葫芦、山药、萝卜、茭白、菌、芹菜、芋头、韭菜、葱、姜、蒜、牛蒡等数十种。同时，宋人发展出了众多蔬菜的加工储藏办法。汴京夜市中常见有辣子姜、辣萝卜、咸菜、梅子姜等腌渍加工的蔬菜。由于"京师地寒，冬月无蔬菜"，汴京人已经养成了"囤货"过冬的习惯，"上至宫禁，下及民间，一时收藏，以充一冬食用"。此外，随着佛教文化的发展，素食成为一种风尚，一些士大夫还特意跑去佛门禅院享受素斋。市面上还出现了一些借荤菜为名的仿荤素菜，如用核桃、松子、芝麻做馅料，形状类似肺的素食"玉灌肺"。而模仿山珍海味的菜品假河豚、假鲨鱼则受到了皇家御膳房的青睐。

前文提到，宋人喜食羊肉，但食用猪肉的规模也不断增大。据《东京梦华录》记载，开封城内的朱雀门外还有一条"杀猪巷"，该巷"每人担猪羊及车子上市，动即百数"；每天更有大量的猪通过皇宫对面的南薰门进入城中，满足大众的口舌之欲——"唯民间所宰猪，须从此入京，每日至晚，每群万数，止十数人驱逐，无有乱行者。"十几个人赶着上万头猪，数量上或有夸张，也算得上一种奇景了。除羊肉、猪肉外，大城市还普遍出售鸡、鸭、鹅等家禽以及兔、鸽等野味，兼买卖生鱼、螃蟹、蛤蜊等水产。品类之盛，完全不亚于现代。

丰富的蔬果和肉类供应，是宋代城市美食得以发展的重要物质基础。汴京城内"市井经纪之家，往往只于市店旋置饮食，不置家蔬"，大量都城市民都直接去店里买饭就食，"下馆子"的做法蔚然成风。人们对于就餐环境的追求也达到了新高度。大都市的"诸酒店必有厅院，

《清明上河图》中头顶餐盒的小贩
有人认为这是沿街叫卖的流动摊贩，也有人认为这是当时的"外卖小哥"

廊庑掩映，排列小阁子，吊窗花竹，各垂帘幕，命妓歌笑，各得稳便"，高层楼阁，胜似园林，建筑别致，环境舒适。从小阁子亦即包间俯瞰下去，热闹的街景一览无余。同时，两宋时期人们在饮食时普遍使用椅子。在考古发现的两宋时期宴饮壁画，或者传世的绘画作品中，可见人们或站或坐，少有席地而坐的人了。

南海一号出土的瓷片
上面刻有的字样，应是酒的品名

饮食业的高度发达，推动了服务业的蓬勃发展。酒店随时备有不同的菜品。一种是即来即食的"茶饭"。说是"茶饭"，实际上包括面食、羹汤、烤肉、肉串、炒菜、河鲜等多种食物。这些"茶饭"必须满足随叫随到、随时齐备，是平时生意的基本盘。客人只需叫店小二来——当时的服务员实际上叫"小儿子"，民间戏称"大伯"——报上自己要点的菜，就能够享受"即时供应"的菜肴。

饭馆、酒楼有众多的茶饭量酒博士。虽然称为"博士"，但他们并非饮食家，只是饭店的厨师与服务员。又有一些百姓入酒肆，给客人提供取钱送物、代买东西等跑腿服务，得了"闲汉"的诨名。为酒客提供

197

换汤斟酒服务的街坊妇人则叫做"焌糟"。卖唱的、卖药的、兜售蔬果的，也各有别名，进入大街小巷的饮食店做生意、讨生活，只有少数店家会拒绝这些人。

"外来托卖"，这种穿梭在大街小巷、托着餐盒与盘子叫卖的流动摊贩也很普遍，《东京梦华录》记载的托卖餐品有不少热食。或许街边店家刚做好这些菜，就有人拿出去叫卖；他们盛装热菜的餐盒还有保温功能。托卖菜品中还有大量的干果、水果与蜜饯，相对来说它们可以保存得久一点。托卖菜品的食品卫生也值得信赖。杭州的摊贩"盘盒器皿，新洁精巧，以炫耀人耳目"，正是"学汴京气象"。在南方城市的河道中，人们还会撑船买卖菜肴，提供茶酒，发展出了提供饮食、小吃、娱乐、钓鱼、冬日观雪等不同服务的船只摊位。

在高度发达的饮食服务业中，自然有店铺之间、饮食之间的高低之分，其中以酒业最为明显。当时的汴京人口已逾一百万，其中既有皇室、官吏、地主、商人、手工业者，也有人数庞大的禁军和平民。于是，为他们提供饮食、歌舞、杂剧、相扑、傀儡戏等娱乐休闲服务的瓦肆如雨后春笋般兴起于汴京的大街小巷。当时的食肆分为正店和脚店。正店拥有官府批准的酿酒权，有资格从官府购买酒曲来酿酒，而脚店则没有资格，只能从正店购买现成的酒来出售。汴京城内登记在册的有七十二户正店，正店与一些规模较大的脚店通常搭建"彩楼欢门"。彩楼高耸抢眼，彩纸彩带摇曳，富丽堂皇，门前车水马龙，热闹非凡。而小店就要普通很多了。

五代十国时期，政府延续了中唐以来的榷酒制度，实行酿酒专营或者特许经营，严禁私人酿酒。宋代继续实行榷酒制度，但是宽松了许多，酿酒卖酒更为繁荣。据《宋史·食货志》的官方统计，熙宁七年（1074）"在京酒户岁用糯三十万石"，估算下来超过一万五千吨。这只是糯米一种原料的用量。在旺盛的市场需求驱使下，宋代的酒类市场出现了档次之分，涌现了一批名酒、佳酒。《酒名记》记录了北宋末年的名酒，通常是王公贵族或重臣显宦家中酿造的酒——其中不少按律算作私酒。杭州、湖州、江宁、成都、泉州这些重要的贸易和区域经济中心都有数量不等的民间或上贡名酒。各大都市，或者重要的名酒原产地也都设立了酒库、酒窖来储存美酒。一些沿海港口酒库的佳酿还远销海外；东南亚、南亚乃至非洲都出土了带有店家姓氏、字号或酒品名的酒瓮、酒罐。

除了档次之分，饮食业的流派也初具雏形，其中一些成了后世各地菜系的鼻祖。《东京梦华录》将汴京食店分为四种：第一种是街头常见的大型综合餐饮店，叫做"分茶"，白肉、胡饼、各类羊肉、面饭、茶饮一应俱全；第二种叫做"川饭店"，卖插肉面、大燠面、大小抹肉淘、煎燠肉、杂煎事件、生熟烧饭；第三种叫做"南食店"，菜饭大多与鱼有关；第四种叫做"瓠羹店"，"瓠羹"也就是葫芦做的羹汤，是非常平民的菜品，而这种食店主打的自然也是平民饮食。这种食店的精细分类，是宋代饮食业繁荣的外在表现。有趣的是，《梦粱录》认为汴京时期的"分茶"是面向江南往来士人的，但《东京梦华录》关于"分茶"的描写分明是以北方饮食为主。这或许反映了"分茶"在口味上的多样性，可谓南北饮食文化交融的证据。

饮食上的档次高低，自然也反映在饮食器具之中。人们对于器具的材质与精致程度提出了更高的要求。宋末周密所著的《武林旧事》如此

四川彭州出土的南宋葵形银盏

宋代民窑吉州窑烧制的黑釉剪纸贴花三凤纹碗

南海一号出土的龙泉窑青釉刻花菊瓣碟

描绘临安府的酒楼："各有金银酒器千两，以供饮客之用。"连市内酒楼也全部采用金银器，说明当时竞争之激烈。人们在四川彭州发现了迄今为止规模最大的宋代金银器窖藏。窖藏属于一户姓董的大户人家，其中的各种餐具、酒器制作精美，反映了这户人家的富裕程度。

不过，提到宋朝的饮食器具，人们最先想到的还是雅致美观的瓷器。宋朝继承了唐朝与五代十国时期的瓷器烧制技术；其五大名窑（汝、官、哥、钧、定）与耀州、龙泉、磁州、吉州等各地民窑共同打造了各种精致的生活器具，包括饮食所用的碗、碟、盘、壶、瓶、罐等。宋瓷以简洁而细腻的青瓷、白瓷和黑瓷为主，也有少数瓷窑烧制彩瓷。以"不务正业"留名历史的皇帝宋徽宗，在其著作《大观茶论》中描述了当时的茶道"盏色贵青黑，玉毫条达者为上，取其焕发茶采色也"，反映了当时茶道中人对于黑瓷的偏爱。

宋瓷中的餐饮器具不仅在宋朝境内有着巨大的市场，在海外也受到欢迎。日本僧人在天目山求法时接触到茶道和与之配套的黑瓷，将它们带回日本后取名为"天目茶碗"。这些黑瓷后来成了日本的国宝。作为宋代海外贸易的重要货物，宋瓷也在东南亚各国或南海大量出土，见证了海上丝绸之路的延伸。据南宋泉州市舶司提举赵汝适撰写的《诸蕃志》记载，泉州作为当时的东方第一大港，与海外五十八个国家和地区有贸易来往，而其中一种重要的商品就是瓷器。

海外诸国不仅引进中国瓷器，而且开始仿烧中国瓷器。埃及的福斯塔特遗址出土了大量来自中国的瓷器，时间自晚唐延及清朝，以宋代的龙泉窑青瓷为大宗。此外，该遗址还出土了大量的当地仿烧产品。福斯塔特遗址的中国瓷器来自海路，而中亚七河地区的宋元瓷器则来自陆路。这些海陆贸易路线为元代所继承，使得中国瓷器得以远播世界。当时有些国家的饮食器具还相当原始，甚至"以葵叶为碗""以蕉叶为盘"，而中国瓷器清洁易洗，可以改善饮食卫生，因此深受海外各国人民的欢迎。

著名的南宋沉船南海一号出土文物多达十八万余件。其中除了十六万件宋代各个名窑生产的瓷器，还有许多带有异域风情的金、银、铜、玉器具，反映了宋代食器与饮食文化的远播，展现了海上丝绸之路贸易的繁荣。

在饮食器具之外，中华菜肴也受到了异域君王的青睐。《诸蕃志》记载的渤泥国，即今日东南亚的文莱，中国商人前去贸易时，"日以中国饮食献其王"，每次去贸易都要带上专业厨师，为渤泥国献上中国饮食。以上种种史料说明，宋代发达的饮食业与伴生的制造业、服务业，不仅造福了本土的百姓，而且造福了海外的各国百姓。

铁锅和菜谱

宋代饮食业的火爆，不仅依托农业与商业的发达，还得益于冶炼技术的突破性成就，其中最典型的标志是铁锅的大量制造与普及。

在宋朝之前，人们已经开始铸造铁锅，但技术尚不成熟，规模也并不大。湖北当阳玉泉寺的隋代大铁锅刻有"隋大业十一年"（615）的字样，是目前已知年代最早的铁锅。北宋时期，采矿与冶金业的发达使得人们开始用煤炼铁，宋代铁器因此含硫量较高。冶铁技术的发展，使得铁的产量与质量都达到了新的高度，刚才提到的当阳玉泉寺，便在北宋时期用生铁铸造了玉泉寺铁塔，历经修缮后得以留存至今。北宋过亿的人口，对于烹饪效率与技艺都有实实在在的需求，铁锅的普及也就显得顺理成章了。

随着铁锅铸造技艺的成熟，宋人也自然而然地把铁锅带上了海上丝绸之路，把它们当作重要的商品输出海外。铁锅也和瓷器一样，出现在了《诸蕃志》中。该书记录了与南宋有贸易往来的欧亚诸国和诸国商品，其中就有"铁鼎"，指的很可能就是铁锅，因为鼎这种器形在宋代早已不再流行。铁锅出口也得到了考古发现的证明。南海一号的船舱出土的铁器已生锈凝结，重量超过百吨，其中就有大量铁锅，材质为白口铁。

湖北宜昌当阳玉泉寺铁塔，铸造于北宋嘉祐六年（1061）

在这一时期，周边国家和民族还未掌握成熟的冶铁技术，使得他们对于铁锅需求量很大。直到明朝隆庆年间，蒙古俺答汗来犯时，还"每次攻城陷堡，先行搜掠，以得锅为奇货"。大臣王崇古据此建议隆庆皇帝以布、锅、釜等"刚需"产品与蒙古互市，以实现边疆的和平。

相比传统的陶制厨具，铁锅受热更快更均匀，使得"炒"这种烹饪技法开始流行。虽然早在北魏末年的《齐民要术》中就已经出现了"炒鸡子"，也就是炒鸡蛋，但是那时炒菜用的是"铜铛"。随着铁锅的普及，炒菜也就方便许多了。油炸这一需要大量放油的烹饪技术，也同样伴随铁锅的普及而"飞入寻常百姓家"。古籍中的"炸"（煠）在宋代发生了语义上的变化，宋初增修的隋唐韵书《广韵》仍将"炸"注释为"汤煠"，汤就是热水，但民间已经开始把"炸"用于描述油炸，苏东坡有首偈子便提到"百滚油铛里，恣把心肝炸"。如果没有冶炼技术上的突破，古人就难以推广这些烹饪技法，饮食文化的发展可能还会停滞许久。

在宋代，专门的菜谱也开始出现。市井经济的高度繁荣和美食商业化的趋势不断强化，人们对于美食的需求逐渐旺盛。为了满足这种需求，人们开始编写记录菜品制作和食材搭配的菜谱，是为宋代菜谱的起源。这些菜谱塑造了完全不同于前代的饮食文化，也影响了后世的饮食文化——这自然也包括我们餐桌上的每一道中餐菜肴。

通过传世的宋代菜谱，现代人得以管窥宋代饮茶、点心、酒肉、汤锅等菜肴，了解和复原宋宴。《山家清供》记录的菜品以山间土产为主要材料，饮食味道较为清淡。《吴氏中馈录》是中国目前已知最早的女性厨师的菜谱，文风言简意赅，反映了宋代（或说元代）浙江民间的烹

南宋审安老人的《茶具图赞》，描绘了当时常用的十二种茶具，并冠以雅称饪技法。《本心斋疏食谱》，顾名思义是素食食谱，记录较《吴氏中馈录》更简略，对于一些菜肴的赞词，内容也介乎食谱与杂文之间。针对特定饮食的食谱也开始流行。有宋一代，与茶相关的著作与文章也大量涌现，有模仿陆羽《茶经》的综合论述，蔡襄的《茶录》、宋徽宗的《大观茶论》与熊蕃的《宣和北苑贡茶录》都是其中的名著。它们对点茶和斗茶的记载生动翔实，茶汤"结浚霭，结凝雪""乳雾汹涌，溢盏而起"，让后世读者能够体会到宋代茶文化的美妙。

元明：海与陆的『食物革命』

元朝的"国之大事"

元大都内有一处颇为特殊的园林，里面没有宫殿等建筑，也没有什么额外的布置，只有松柏庄严而静穆地等待着来客。园门外看守的士兵一丝不苟，他们只在每年的特殊日期打开大门，迎接高官、萨满神婆以及几位妇人。到了这样的日子，园子里依然极为安静，只听得萨满口中念念有词。稍过一会儿，一阵烟气从地上的坑中飘起，散在空中，越过围墙。士兵很熟悉那种味道：那是马肉与羊肉的香味。但是他们必须站好岗，保护神圣的仪式不受打扰，只能忍住口水，抑制自己肠胃的冲动。

园林里的人们所做的，就是蒙元的"烧饭"祭祀仪式。烧饭是一种在北方草原民族盛行的传统祭祀仪式，将供给祖宗的饭食、祭品加以焚烧，以敬飨祖宗。南宋叶隆礼撰写的《契丹国志·建官制度》云："筑台高丈余，以盆焚酒食，谓之烧饭。"宋朝宇文懋昭所撰《大金国志》中也记载，女真人"亲友死，则以刀剺额，血泪交下，谓之送血泪。死者埋之而无棺椁。贵者生焚所宠奴婢、所乘鞍马以殉之。其祀祭饮食之物尽焚之，谓之烧饭"。

烧饭祭祖有一个专门的机构来管理、操作，这个机构就是"火室"。火室本指一种房子，忽必烈建立元朝以后，火室成为随帝位代代传承的

元代画家刘贯道《元世祖出猎图》（局部）

内蒙古赤峰市元宝山出土元墓壁画
画中丈夫着右衽，体现了中原习俗对蒙古人的影响
夫人着左衽，乃是蒙古女性从部落时期到帝国时期持续的着装特色

斡耳朵的一种。斡耳朵本意是宫帐，后衍生为后宫制度；今日鄂尔多斯这一地名即来源于"斡耳朵"这个词。在复杂的斡耳朵制度中，火室的职责相对专门，仅掌管历代先帝的烧饭祭祀。元朝定都大都后，火室就设在大都城内。

据《元史·祭祀志》记载，每年九月和十二月十六日以后，在火室举行烧饭仪式。举行仪式时使用一匹马、三头羊以及马湩（马奶酒）和其他各种酒醴，此外还有红织金币和裹绢各三匹。祭祀时，通常由蒙古高官一名、蒙古巫师一名主持，而火室中的后妃进行实操：首先在地上挖一个坑专门用来烧肉，烧时浇上马湩、酒醴杂烧，一边烧饭，一边呼喊历代先帝的御名，邀请他们来享用。一年之中除了《元史》记载的大都的两次祭祖外，火室还要随元朝皇帝巡游，在其他都城举行烧饭仪式；在先帝过世的前三年，还要在帝陵周围每日烧饭一次。时至今日，蒙古许多地区还有烧饭祭祖的传统习俗。

烧饭是元朝保留下来的先祖祭祀仪式，和汉地的祖先祭祀迥然有别。事实上，《元史·祭祀志》专门有一节讲"国俗旧礼"，讲述元代那些颇具蒙古本族特色的祭祀行为，如六月祭天、烧饭、射草狗等等，自成体系，而与汉地传统的郊祀风俗相区别。从祭祀内容上看，蒙元的这些旧礼和汉人传统认知中的"太牢""少牢"之礼相比有很大不同，不仅没有使用猪、牛，最高等级的祭祀所用牺牲还往往替换为马，酒也多用马奶酒这样的民族饮品。

事实上，蒙古贵族并未想过将蒙古与中原的祭祀礼仪融合为一个整体，更没有想过将之推广到全国。相反，他们制定了严格的蒙汉之分，将蒙古人的祭祀礼仪置于汉人的祭祀礼仪之上，试图通过这样的方式在思想系统上保持优势地位。忽必烈强调国俗旧礼"皇族之外，无得而与"，限制外族人的参与。礼官们在制定礼法制度时，想要参考前朝制度，一位博士提出在中原传统的"三献礼"（祭祀时三次献酒）之外，增添蒙古的一献："若割肉，奠葡萄酒、马湩，别撰乐章，是又成一献也。"还有一位博士直接抨击汉人的"摄祀大礼"让人一整天都站着，真是毫无意义；而"燔膋脾"这一烤肉、烧兽油的祭祀仪式，与蒙古通行的烧饭仪式完美吻合，所以"不可废"。

尽管元朝是少数民族统治的王朝，但从祭祀礼仪不难看出元朝统治者对汉化的警惕性很高；而由于蒙古贵族将食俗、祭祀礼仪严格限于本族之中，其对汉人的实际影响也很有限。元朝朝廷对于民族文化融合的态度，由祭祀、饮食中可见一斑——这或许能帮助我们理解，在元朝覆灭之后，明朝的祭祀、饮食乃至整个文化系统中，为什么缺少蒙古人留下的痕迹。

"海禁"下的对外贸易

　　元朝统治者虽然对于中原文化始终心怀隔阂，但是特别鼓励海外贸易。他们继承了两宋与辽、金、西夏的海陆交通网络，并将国际交往和国际贸易推向了一个高峰，不仅派遣亦黑迷失和杨庭璧等官员访问苏门答腊、印度和斯里兰卡，而且鼓励商人出海贸易。当时的中国造船和航海技术都领先世界，不仅船只规模庞大，而且航程遥远，可以抵达波斯湾、红海，乃至地中海，将中国的粮食、瓷器、漆器和丝绸带到了沿路各国。他们也鼓励国际商人来华贸易，大量印度、波斯、阿拉伯商人因此得以进出广州和泉州，带来香料、珠宝、象牙和犀角。除此之外，马可·波罗和伊本·白图泰等欧洲和北非旅行家来到中国旅行。他们撰写的游记让阿拉伯人和欧洲人认识了富饶而繁荣的远东国家，激发了达·伽马和哥伦布等欧洲探险家前往远东寻求财富的冲动。

　　明朝对于海外贸易的政策发生了巨大的变化。行文至此，大家首先想到的可能是明朝初年制定的所谓"片板不得下海"的海禁政策，对与周边的朝鲜、日本、越南等国家的朝贡贸易也有严格的限制。因此在明代初期，大量外来消费品是通过郑和下西洋或朝贡贸易输入中国的。

　　永乐三年（1405），明成祖遣心腹郑和率船队远赴"西洋"，开启了一场长达二十余年的航海伟业。直到宣德八年（1433），郑和率大明船队先后七次出海，足迹遍布东南亚、南亚和西亚诸国，最远处曾抵达非洲东海岸，达到了中国古代航海史和中外交流史的高峰。船队携带中国的茶叶、瓷器、丝绸等众多中国产品周游沿路各地，和当地居民互通有无。郑和的船队不仅带了大量商品厚赠各国，也和各国进行贸易。船队回航时所带的物品多为各种珍宝，当然也有胡椒、椰子、苏木等食物原料。船队以满剌加和苏门答剌为中转地，还在中转地建造仓库，用来储存钱粮、礼物和商品。跟随郑和三次下西洋的翻译官马欢，在其著作《瀛涯胜览》中记载：

> 中国宝船到彼（满剌加，引者注），则立排栅，城垣设四门更鼓楼，夜则提铃巡警。内又立重栅小城，盖造库藏仓廒，一应钱粮顿在其内。去各国船只回到此处取齐，打整番货，装载船内，等候南风正顺，于五月中旬开洋回还。其国王亦自采办方物，挈妻子，带领头目驾船跟随宝船赴阙进贡。

郑和的船队通过贸易得到了大量物品，比如印度半岛的柯枝国（位于今印度西南）所产的胡椒，溜山国（位于今马尔代夫）的龙涎香、椰子。然而，因为船队的贸易看重更具价值、更稀奇的货物，所以郑和沿路搜罗的"明月之珠、鸦鹘之石、沉南龙速之香、麟狮孔翠之奇、梅脑薇露之珍、珊瑚瑶琨之美"，都是宫廷奢侈品。总体而言，这类奢侈品的使用和消费对中国百姓生活的影响相对有限。

尽管如此，郑和的远航对古代中外物质文化交流仍有非凡的意义。可惜由于成本高昂，宣德八年明朝就叫停了下西洋。直到七十多年后的

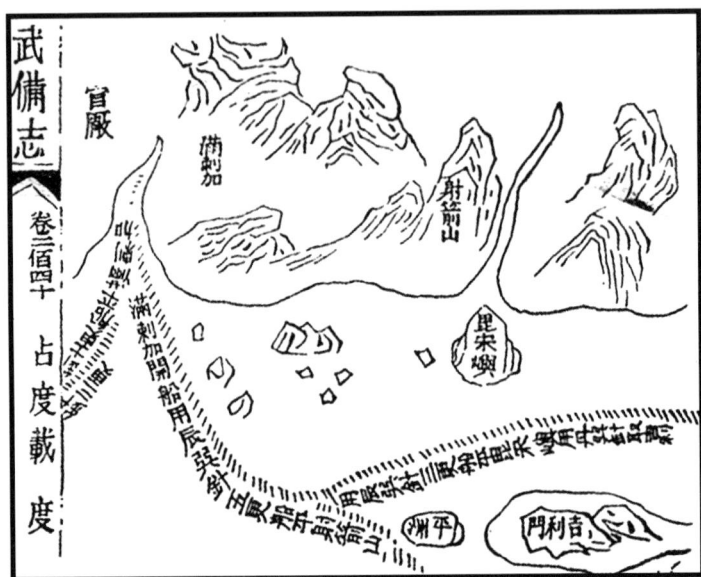

明朝茅元仪编《武备志》所载《郑和航海图》（局部）

正德年间（1506—1521），明朝终于稍微放开了私人贸易的限制，对一些来华的外洋商船，如来自泰国、马六甲的船只，按照货物价值征收相应的商税。嘉靖年间为了严防倭寇，朝廷又重新收紧了海禁政策。其间明朝随国内外形势的变化而交替采取弛、禁政策，但仍然对航海业的发展造成了不小的阻碍。最终，明代一度领先世界的中国造船和航海技术逐渐落伍于欧洲。在15、16世纪之交，以欧洲为主导的大航海时代到来，葡萄牙、西班牙、荷兰和英国等西欧国家先后建立了海上霸权，成为欧洲的资本、物产、人员交流中心；它们开辟的航线将美洲新大陆、西欧、非洲、亚洲联系在了一起。世界性的航海运动大势，也不可避免地将明朝拖入了更具"世界性"的国际贸易和文化往来中，来自域外的知识和物产或主动或被动地进入了明朝人的生活。

自元至明，中国和海外各国交换的产品丰富多样，影响深远。除了经济史学家看重的美洲白银之外，这一时期活跃的海外贸易带来的物产大交换深刻地改变了中国和世界的饮食文化。茶叶、瓷器、白糖、柑橘、樱桃等中国产品不断对外输出；番薯、玉米、马铃薯、烟草、向日葵等外来农作物纷纷传入。各种物资贸易往来不绝，蔚为大观。明朝的丝、瓷、茶和糖作为大宗商品活跃在海洋贸易中，成了在微茫烟波之中连接世界的重要纽带。

季羡林先生的巨著《糖史》为我们梳理了中国糖业的发展脉络。中国从上古时期开始制作麦芽糖，战国时期种植甘蔗，制作蔗浆；大约从南北朝时期开始，人们采用曝晒的方法制作黏稠的蔗饧。这种蔗饧可以进一步做成半干的糖块，呈紫红色，因其形色似石，所以得名"石蜜"。受自然条件所限，本土石蜜脱水不够彻底，颜色不够白，质量和色泽不如西域石蜜。唐太宗派人到摩揭陀取经以后，中国蔗糖的质量有所提高，"色味愈西域远甚"。唐高宗又派人从印度请来制糖专家，制成了颜色较浅的精沙粒糖。到了唐玄宗在位期间（712—756），中国已能生产砂糖和冰糖，产品开始远销日本、波斯、罗马等地。北宋时期，四川糖坊造出了一种细腻、洁白的糖霜。苏轼有诗云："冰盘荐琥珀，何似糖霜美。"与此同时，一些阿拉伯人将先进的制糖工艺带到了福州，也提高了中国白糖的质量和产量。马可·波罗说，福州人能够大量制造"非常白的糖"，产量可观。

进入元明时期，中国的糖业水平已经处于世界领先地位。明末宋

《天工开物》中描述的糖车

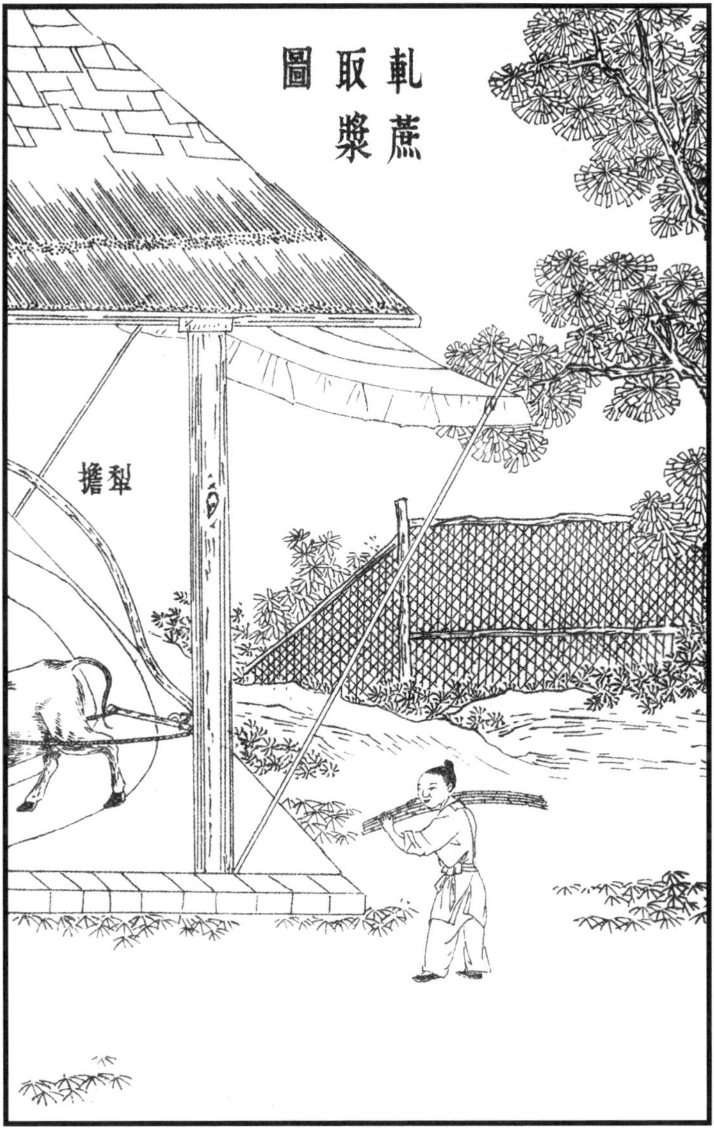
軋蔗取漿圖
犁擔

应星撰写的《天工开物》中专门有一章《甘嗜》，讲解了从种植甘蔗到制糖的全流程。而李时珍撰写的《本草纲目》描述了种类繁多的蔗糖，"清者为蔗饧，凝结有沙者为沙糖，漆瓮造成，如石、如霜、如冰者，为石蜜，为糖霜，为冰糖也"。糖业的繁荣甚至为国家提供了新的税收。马可·波罗在提及元朝的税收时，说到了"百取三点三三"的糖税。民间文化也有了糖的位置。在《西游记》里猪八戒对妖精说："曾着卖糖君子哄，到今不信口甜人。"《天工开物》还特意列出了需要特殊模具的"兽糖"，即动物形状的糖果，一般供大型宴会使用。

糖类也是百姓的消费品。明朝遗民屈大均的《广东新语》描述当时的产糖大省广东遍布各类制糖作坊。这些制糖的作坊叫做"寮"，以糖为生的人叫做"糖户"，城市里的专卖店叫做"糖房"，韶关至今还有地名叫糖寮村。其间既有家庭小规模地种植甘蔗且兼职产糖，也有专门经营糖业以谋取利润的商家，形成了完整的生产、加工、销售产业链，为蔗糖的普及和出口创造了条件。

蔗糖外销的规模在元明时期继续扩大。万历末年，日本开始从中国进口白砂糖与红糖（日文称"黑糖"）。与此同时，中国的糖也进入了欧洲人的视野。福建所产的糖出口到了荷属巴达维亚（今印度尼西亚雅加达），并在整个荷属东印度群岛销售。据《东印度公司对华贸易编年史》，1637 年，一个英国船队到达广州，该船队的凯瑟琳号返航时，带回从中国购买的糖 12086 担（此处可能指白砂糖）、冰糖 500 担。

伴随着糖的出口，制糖技术的流传也同步进行。16 世纪末 17 世纪初，日本人直川智漂流到福建，逗留了一年后回国。他在福建学会了制作红糖的技术并将其在九州岛上推广。稍晚的天启三年（1623），琉球大臣仪间真常也派人前往福建，为当时的琉球王国引入了红糖制作技术。据季羡林先生考证，在孟加拉语及其他几种印度语言中，白糖"cīnī"一词与当地对中国的称呼同源，这意味着在千年之后，中国糖及其制糖技术反哺了印度。

除去瓷器、丝绸和蔗糖，通过陆上和海上丝绸之路走向世界的中国产品还有茶叶。饮茶在唐朝流行开来以后，中国茶叶逐渐走向了周边民族及国家。宋、元、明朝继续推行茶叶贸易。宋朝和明朝利用游牧民族对于茶叶的刚性需求（能够改善肉食为主的膳食结构），把茶叶当作战略物资，实行官府专卖制度，控制茶叶贸易，以达到"以茶制夷"的目的。

13世纪以后，茶叶随着蒙古人的征战扩散到印度次大陆、安纳托利亚、伊朗高原和阿拉伯半岛，而阿拉伯商人又把茶叶带到了欧洲。不过中国茶叶的外销高峰是在大航海时代才到来。明朝万历三十四、三十五年（1606—1607），荷兰东印度公司前往澳门贩运茶叶。虽然葡萄牙在16世纪初就已经开始贩运中国茶叶，但是中国茶叶对欧洲的大规模外销，是被荷兰东印度公司促成的。1637年，阿姆斯特丹的东印度公司十七人董事会特意发布指令，要求公司船队的所有船只都应携带一些罐装的中国茶和日本茶。当然，在17世纪初的荷兰，由于进口数量少，只有少数上层人物可以享用中国茶叶。到了17世纪下半叶，随着茶叶贸易的扩大，饮茶逐渐风靡荷兰的各个阶层。

17世纪和18世纪初是荷兰垄断茶叶贸易的年代，到1795年，英国东印度公司打败荷兰，夺过了茶叶贸易垄断权。它把茶叶销售到了英国本土和欧洲各国，乃至西欧国家在美洲的殖民地。在英国人的心目中，茶叶成了"绿色黄金"，这项贸易不仅给东印度公司带来了巨额利润，也给英国政府带来了巨额税收；茶税曾达到平均每年330万英镑，提供了英国国库总收入的十分之一。与其他欧洲人不同，英国人尤其热衷于饮茶，茶叶不仅令上流社会倾倒，也在各个阶层收获了广大的受众。到19世纪，在贝德福德公爵夫人的带动下，英国贵族阶层的下午茶文化开始形成。下午四点前后，贵妇淑女们换上精美的长裙，戴上手套和帽子，相聚在某一家的客厅，喝茶吃点心聊天。由于英国社会对于茶叶的需求庞大，为了降低成本，从19世纪上半叶开始，东印度公司开始派遣植物学家到中国搜集优质茶树种和茶籽，招聘茶工，然后在印度和斯里兰卡种植茶树，建造茶厂。从此，中国的茶叶产业逐渐扩散到了海外各地。

新大陆作物的输入

　　随着海禁的松弛，中国在不断对外输出饮食文化的同时，也在不断引进海外的新作物、新产品。明代百姓继续努力种植传统的稻、麦、粟等作物，新大陆的"远方来客"也进入了中国的土地。它们与那些经由丝绸之路或其他途径传入汉魏、唐宋的"先辈"类似，在名字里往往带有"番""胡"的字样。这些新来的作物不仅大大丰富了中国人的饮食结构，而且起到了赈灾救荒的作用。它们不是西方使节带来给皇帝高官赏玩的奇珍异宝，而是在全球范围的"哥伦布大交换"中，先由西班牙探险家从美洲带到欧洲，再由欧洲人带到亚洲各国的。随后它们又从亚洲各国来到中国，开创了自己的故事，也给中国人留下了深刻的历史记忆。

　　给当时的中国百姓，尤其是东南沿海一带留下深刻印象的新大陆作物是番薯。番薯在中国的出现，最早可以追溯到明代万历年间。明代福建巡抚金学曾在《海外新传七则》中详细介绍了番薯的性味、功用，称其因为从外番传入，所以叫番薯。明末大学者徐光启更是在他的《农政全书》（1628 年刊印）中绘声绘色地讲述了番薯传入中国的一段传奇：有一个福建人在海外见到番薯大为惊讶，深感其用处可观，遂决定将其带回国内。可是当地禁止这种高产作物外传，所以此人就将番薯藤缠在

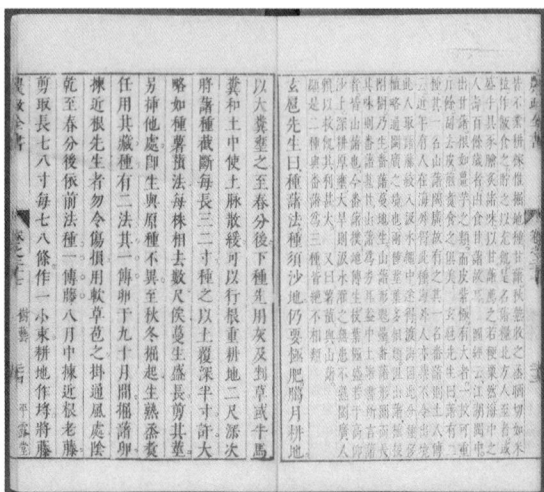

《农政全书》记载番薯的片段（右侧）

船舶的缆绳上带回福建。番薯遂在福建、广东推广种植。刊行于乾隆三十年（1765）的孤本文献《金薯传习录》记载了福建长乐人陈振龙侨居吕宋，后来引种番薯于中国的故事，侧面验证了徐光启记载的真实性。

明末谢肇淛撰写的《五杂组》有如下记载：

> 百谷之外有可以当谷者，芋也，薯蓣也。而闽中有番薯，似山药而肥白过之，种沙地中，易生而极蕃衍。饥馑之岁，民多赖以全活。此物北方亦可种也。

百姓依靠番薯渡过饥荒岁月的说辞并非夸张，而是真实的历史事件。万历二十一年（1593）福建遭遇大旱灾，粮食歉收，陈振龙与儿子陈经纶向福建巡抚金学曾推荐了这种表皮呈朱红色的番薯。金学曾让陈氏父子先试种，成功后便下令推广种植，使得番薯在闽地得以迅速传播。

陈振龙携带番薯回到福建长乐时，同船人也有向陈氏求要种子的，这位乘客的种子被种植在泉州下辖的晋江。尔后福建、广东、台湾等地的方志都有引入番薯的记载。无论这些记载真伪如何，可以确定的是：其一，番薯来自东南亚的吕宋、苏禄等国，这离不开将番薯从美洲带到菲律宾的西班牙人。其二，番薯进入中国纯属民间行为，是中国人与南洋自发交流的反映。

番薯在明代后期生根于中国沿海，明人很快就意识到番薯耐旱、高产、易于种植的特点，使得番薯能够在激烈的农作物竞争中脱颖而出，开始向中国内地传播。祖居松江府（今上海松江）的徐光启正是在这样的过程中认识和研究番薯，并在万历三十八年（1610）的江南旱灾后将其引入江南地区的。但受限于当时种子的过冬储存技术，番薯始终没有向气候寒冷的中国北方大面积扩散。到了乾隆年间，番薯才扩展到西北、东北等地区。乾隆晚期还曾下诏各省栽种番薯来解决民间粮食不足的问题。自此以后番薯作为辅助粮食走向全国，成为通行全国的重要作物。

玉米这种主要粮食作物也来自新大陆，最早在墨西哥驯化，后来传播到中美洲各地。哥伦布在登陆美洲时发现了它，随后玉米被带回欧洲，很快在本土普及，进而传播到非洲。它与番薯一样，适应力很强，可以种在贫瘠、干旱、寒冷的地方，而且生长快、产量高，还不用经常照料。

利玛窦与徐光启像，耶稣会会士阿塔纳修斯·基歇尔（Athanasius Kircher）绘制，载于其著作《中国图说》

右侧为徐光启，上方写有徐光启的姓名以及教名"保禄"与号"玄扈"

228

最早提到玉米的历史文献是明朝嘉靖三十年（1551）刊印的河南《襄城县志》。四年以后，云南土司将玉米作为贡品送到北京。这样看来，玉米在此之前就已经传入中国了。玉米的传入途径众说纷纭，或说与番薯一样经由菲律宾等东南亚国家的中转，从中国东南沿海进入内地。据葡萄牙传教士马丁·德·拉达（Martín de Rada）的记载，万历三年（1575）厦门就有人种植玉米了。另说玉米经过西北陆路进入中国西北，甘肃的地方志《华亭县志》（1560年）称玉米为"番麦""西天麦"。而《肃镇志》（1586年）则将玉米称为"回回大麦"，意指玉米是经由伊斯兰世界传入的。或说经过印度与中南半岛，再通过西南陆路进入中国的云贵川，西南地区的众多方言至今仍称玉米为"玉麦"。当然，玉米传入中国的路径未必单一，明朝广大的疆域为新大陆作物的传入提供了太多可能。《本草纲目》记载玉蜀黍"种出西土，种者亦罕"，《农政全书》在提到玉米时，也只是说"盖亦从他方得种"，没有确指真正的传入地在哪里。

虽然玉米引入于明代中叶，但玉米的普及并非发生于明代。明代的一些小说如《金瓶梅词话》提到玉米可以磨成面，做成"玉米面玫瑰果馅蒸饼儿"和"玉米面鹅油蒸饼儿"，似乎还是一种稀奇的吃食。到了清中叶的乾隆、嘉庆年间，玉米才成为一种广泛种植的作物。中国人口在雍正时期就开始激增，到乾隆六年（1741）已达1.43亿人。为了解决人口膨胀带来的耕地短缺问题，乾隆七年（1742）以后清朝"弛禁"，鼓励农民开垦山地，而且免收开垦者的土地税。这些措施迅速推动了中国山地的开发，而耐旱、易种的番薯和玉米也很快在中国传播开来。

辣椒也是一种在明朝传入我国的新大陆作物。现代人钟爱的香辣、麻辣食品并非"古已有之"，明朝以前的先民无法品尝到类似的味道。辣椒最早驯化于墨西哥，伴随着哥伦布对新大陆的发现被带回欧洲。在明代进入中国后，辣椒慢慢普及到全国各地的餐桌，五味中的"辛"才逐渐为"辣"所取代。至今在中国四川、云南还称辣椒为"海椒"，福建、海南等地则称其为"番椒"，都点明了该作物的外来属性。

中国最早关于辣椒的描述，见于万历年间杭州人高濂撰著的《遵生八笺》："番椒，丛生，白花，子俨秃笔头，味辣色红，甚可观。"明代崇祯年间刊刻的《食物本草》也记载辣椒"木本低小，人植盆中以作玩好"，也就是说当时人们是把它当作观赏植物来看的。但是，明末天启年间山东王象晋编撰的《群芳谱》则将辣椒列入了蔬菜中。这些早期史料表明，东部沿海地区的人们已经认识和利用辣椒了，不过做法不同。另有一些说法认为辣椒可能经丝绸之路传入中国西北，故称"秦椒"，或是经东南亚海路传入南方。

不过，中国目前可以见到的最早食用辣椒的记载，是康熙六十年（1721）编成的《思州府志》，书中记载"海椒，俗名辣火，土苗用以代盐"。类似的说法见于乾隆年间编纂的《贵州通志·物产》。这说明食用辣椒始于贵州，而人们食用辣椒是因为缺盐。在道光和同治年间，关于食用辣椒的史料有所增加，类似的记载大量出现于19世纪，说明食用辣椒的习惯已经扩散到全国。不过，我们熟悉的无辣不欢的湘菜和川菜要到19世纪后期才形成。此时距离辣椒进入中国已有两百余年了。

此外还有很多来自新大陆的作物，包括南瓜、番茄、花生、马铃薯、葵花籽（向日葵）等等，大抵在明朝中后期至清朝中期传入中国。这些新大陆来客在华的传播路径都是模糊而复杂的，从它们的出现、种植、传播，到最终进入大众的餐桌，都要经历一个非常漫长的过程，常常跨越明代后期到清中叶的时段。

无一例外的是，这些作物出现在中国文献中的时段高度重合在明末的嘉靖至万历年间。这充分说明在海禁政策松弛之后，明代中国和世界经济往来较为频繁。在这段时期，明人移居海外的情况也开始增多，以至于《明史》记载"闽人以其地（吕宋国，引者注）近且饶富，商贩者至数万人，往往久居不返，至长子孙"。

随着上述新大陆作物的引入和扩散，我国的人口、粮食、经济、文化、饮食活动也发生了变化。这些较易种植与培育的新大陆作物，刺激了我国先民对贫瘠山地的开发，改变了中国以稻、麦、粟等传统粮食作物为主的农业格局，丰富了人们的粮食结构，缓解了中国东南沿海一带人多地少的粮荒问题。在渡过了明末清初的寒冷气候与战乱时期之后，这些新大陆作物得以再次蓬勃发展，为清朝康雍乾盛世的人口增长提供了动力。

中国饮食的外国观察家们

　　元明时期，探索世界的西方旅行家、商人和传教士，在接触中华文化的时候感受颇多，对于中华饮食也印象深刻。他们撰写的游记、日记等著作，为后人留下了弥足珍贵的史料。通过他们留下的饮食文字，今天的中国人在"我看人看我"的过程中，得以感知那个时代中外饮食文化交流的面貌。

　　提到来华的大旅行家，首推天主教世界的马可·波罗与伊斯兰世界的伊本·白图泰。他们两人在蒙元时期的中国都有一段奇妙的经历。他们笔下的中国饮食图景，充满了生机与趣味。

　　马可·波罗高度赞扬了中国北方（书中称为"契丹"）的农业与畜牧业。他说，无论南北，无论是鞑靼人还是汉人，都主食稻米、粟。但小麦的产量则相对没那么高，人们也不认识面包，只会制作一些其他面食。在北京（汗八里城），马可·波罗参加了忽必烈的豪华宴会。宴会上各类酒肉应有尽有，饮料中有马奶酒、米酒、骆驼乳；而仆从为大汗上菜时，必须戴上面纱挡住自己的气息，免得沾染食物。在杭州，马可·波罗惊叹当地极度繁荣的渔产交易：每日运进市场的海鱼和淡水鱼的数量都很巨大，但在几个小时之内就能销售一空。福建的侯官城（今福州市、闽侯县的一部）则有大规模的制糖作坊与果园。

欧洲人想象的马可·波罗身穿鞑靼人服装的模样

摩洛哥人伊本·白图泰的记载也相当生动。在他看来，中国的鸡相当肥大，甚至超过了家乡的鹅；旅店一般供应鸡肉与米饭。虽然信仰伊斯兰教，但他还是如实地记录了市场里售卖猪肉与狗肉的场景。中国的水果如葡萄、梨、西瓜也极为美味，媲美乃至超越了中东的水果。制糖业相当发达，蔗糖品质超越埃及。他还记录了杭州盛产的竹胎漆器，极为轻巧，放置热菜也不会变形褪色。从杭州到北京的旅途风光更是让他赞美有加。

明代中前期，来华的阿拉伯人和欧洲人数量不多，留下的文献也非常稀有。首位进入明朝的欧洲人是葡萄牙人皮列士（Tomé Pires），他撰写的著作《东方志：从红海到中国》带有许多傲慢的色彩。皮列士看到的南方沿海及东南亚的中国人喜欢吃猪肉、牛肉，喝葡萄牙产的酒，"用两根棍子吃饭"——这是目前已知欧洲最早的对于筷子的描述。

上述的几部著作都是描写这些旅行者在整个旅途中的经历，中国只是其中的一站，记录比较片面。真正专注于中国的全面描述，还是晚明的西方传教士留下的，利玛窦（Matteo Ricci）是其中的代表。他是耶稣会传教士，学贯东西，熟稔中国文化。在华传教的二十八年间，他的足迹遍布澳门、肇庆、广州、韶州、南昌、南京、北京，最终在北京病逝。他在《利玛窦中国札记》中留下了大量关于中国的记载，其中自然也涉及中国的食品生产以及饮食礼仪。

在利玛窦眼中，中国地大物博，蔬果的种类繁多而丰饶，一些农产品如生姜、柑橘等质量极佳，领先世界。广东有欧洲人从来没有见过的热带水果荔枝和龙眼，味道十分鲜美。至于茶叶，虽然已经进入世界贸易之中，但在当时的欧洲还没有广泛流行。利玛窦误认为欧洲人完全不知晓茶叶的奥妙，写道：

> 有一种灌木，它的叶子可以煎成中国人、日本人和他们的邻人叫做茶（Cia）的那种著名饮料。中国人饮用它为期不会很久，因为在他们的古书中没有表示这种特殊饮料的古字，而他们的书写符号都是很古老的。的确，也可能同样的植物会在我们自己的土地上发现。在这里，他们在春天采集这种叶子，放在荫凉处阴干，然后他们用干叶子调制饮料，供吃饭时饮用或朋友来访时待客。在这种场合，只要宾主在一起谈着话，就不停地献茶。这种饮料是要品啜而不要大饮，并且总是趁热喝。它的味道不很好，略带苦涩，但即使经常饮用也被认为是有益健康的。

由这段话可见，利玛窦对于采茶、泡茶、饮茶的全流程已经非常熟悉。他甚至敏锐地发现"茶"的造字时代较晚——当然，读者朋友看了前面的章节就知道，他说的中国人饮茶历史并不悠久的看法显然有失偏颇。

在书中，利玛窦还多次将中国的饮食与西方的饮食进行了一番比较。比如：饮食结构大体类似，但烹调技术中国较优；中国人酿的米酒与西方啤酒相似，酒劲不大；中国人无论饮茶饮酒都喜欢热饮，即使在夏天也不例外，而西方人喜欢冷饮，因此比中国人短命而更常患胆结石。

尽管存在语言和生活习惯上的障碍，但西方来客对于元、明时期中国饮食的描绘，还是为当时的读者和后人展现了一幅生动、真实的历史

元代剔红仕女婴戏图漆盘

元代诗人鲜于枢《赤乌行》赞叹漆器"风雨霜露不能入，所以远历晋魏犹坚完"，与伊本·白图泰的记述交相辉映

明代游文辉所作的《利玛窦像》，是目前已知最早由中国人绘制的油画作品

图卷。在流传至今的这些著作中，我们依然可以想象昔日中外文化交流的生动景象。这些远方来客为中国带来了新鲜的见闻与知识；通过他们的著述，古老、奇特而独具魅力的中华饮食远播海外，为漫长而浩繁的中西文化交流史增添了一抹亮丽的色彩。

清：地域菜系的形成

皇帝的菜谱

"溥天之下，莫非王土。率土之滨，莫非王臣。"在帝制时代，当皇帝被看作天下最好的"差事"。在民间的想象里，皇帝每餐所用必是世间难觅的山珍海味，若非如此，不能符合其天下一人的尊贵身份。

鲁迅先生的杂文《"人话"》记载了一则浙西笑话，讥笑乡下女人的无知："是大热天的正午，一个农妇做事做得正苦，忽而叹道：'皇后娘娘真不知道多么快活。这时还不是在床上睡午觉，醒过来的时候，就叫道：太监，拿个柿饼来！'"

皇后究竟吃不吃柿饼这种所谓的下等食物呢？鲁迅先生用这个笑话讽刺那些自以为乡下人无知的"高等华人"，却未必真的了解宫廷饮食究竟如何。今人则可以根据历史文献来研究这个问题。明代宦官刘若愚在《酌中志》中详细描述了他在宫中数十年的见闻。该书记载，宫廷饮食中有一物名叫"百事大吉盒儿"。这大吉盒儿中的食物，排在第一位的是柿饼，然后才是荔枝、龙眼等。根据类似的官方档案和亲历者记述，今人得以见识到宫廷里的日常饮食并非遥不可及，其所用食材也是民间可见的。

清宫档案中有多达近两亿字的膳食实录，浩繁的卷帙为我们了解清宫饮食提供了极大便利。从这些实录中，我们能看到乾隆对江南竹笋的特殊嗜好，康熙曾经向传教士要巧克力。这些生动的记载，好似在金碧辉煌的宫廷中徐徐展开的一幅满是烟火气的画卷。

清宫膳食档案包括《宫中全宗》中的《膳单》和《内务府全宗》中的《御茶膳房簿册》两部分。前者记录了膳日、膳时、膳品、进膳人、赐膳人等具体情况，后者记录了皇太后以下至皇子、福晋、宫中祭祀、皇子师傅、内臣、太监等人的膳食收支。这些档案大多从清中叶起系统编撰，逐日写成，内容极尽详细。试以《乾隆三十年江南节次膳底档》为例来观察乾隆皇帝的一日饮食。

乾隆三十年（1765）二月十六日，乾隆第四次下江南的队伍到达扬州。当日乾隆用膳情况如下：

卯初一刻（约早上五点十五分）用早点；

卯正一刻至辰初一刻（约六点十五分至七点十五分）用早膳；

未初至未正（约下午一点至两点）用晚膳；

此外还有"晚晌"，少量饮食，通常在处理政务毕就寝前。

二月十六日这一天，乾隆皇帝一日三顿。先在船上用早点和早膳，菜品中有大量的肉食和点心。晚膳在天宁寺行宫，菜品较早膳更加丰富。当日晚晌的菜品很少。纵观其一日所食，不可谓不丰富，既有精致的点心，也有普通的吃食。既有冰糖炖燕窝一类的高档食物，也有爆肚这样的下水。这一天的膳食十分注重荤素搭配，点心正餐结合。乾隆似乎保留了满族人食用猪肉的习惯，同时爱吃笋、米糕等南方食物，一天两餐都吃了竹笋。

从食用数量上看，乾隆每一顿的菜品数量动辄数十品，远远超出了他一个人的饭量，显示了极为夸张的饮食"排场"。实际上，帝王御膳

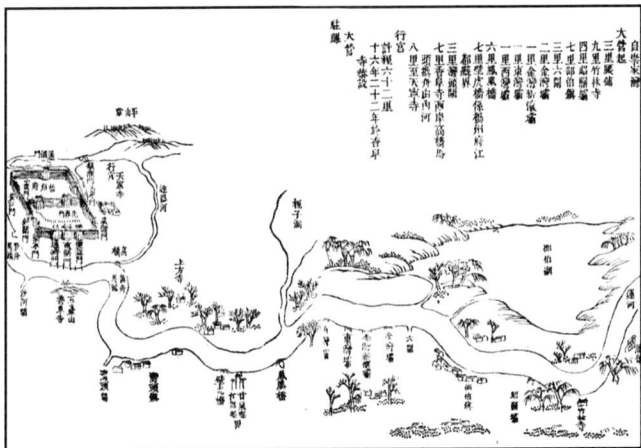

驾

二月十六日卯初一刻请

伺候沐精燉燕窩一品

游水路船上进早膳用摺叠膳桌随

燕窩火燻鸭子热锅一品 肥鸡肥鸡冠肉一品温暖或羊
肉丝一品 燕窩五香鸡肉捲一品 肉丝泥鰍炉一品 竹節卷小饅首一品 銀葵
花椒糕一品蒸肥鸡鹿尾攢盤四品火肥四品系随送晚膳用的随送燻燉羊
隨食二桌 内管領燻食四品
纱白六品 盤肉二品
羊肉三方 十二品一桌 盤肉二品
四品一桌

上进單

贲后 鸭子热锅一品 令贵妃 鸡冠肉一品
撺炖肉一品 容嬪 羊肉丝一品

卓后 二月十六日未正

贲妃 肉片烧狍子燉白菜一品 燕窩燕窩春笋炖鸡一品 精肉的包子一品
奶子摺碟燕窩肥鸡一品 鸡眼樱桃肉一品 鸡精肉饀包子一品 鸡蛋糕
隨送硬米膳一品 奶子五品 鸡糕雞花鴿小膳四品火腿一品
内管領燻食六品 纱白十三品 二號涼菜四品 羊肉一方一桌
随食四桌 奶子五品 盤肉八品二桌 二十二品一桌 纱白三品

上进單

慶妃 燕窩爆炒肉一品 晚間何候
爆肚子一品

皇后 白菜一品 蘇臉一品
鸭子一品 撺尖一品

贲妃 燕窩蛋糕一品燕窩笋拌鸡一品 令贵妃
爆肚子一品 肉燒豚一品配溜肉糕一品系加進老米水膳 容嬪

上进單

慶妃 雞蛋糕一品 扦鸡一品
肉糕一品 容嬪 爆肚子一品

皇后 令贵妃

旨明日早膳九峰園何候
二月二十六日總管王長贵傳
欽此

《乾隆三十年江南节次膳底档》整理版

《钦定南巡盛典》记载乾隆三十年乾隆南巡第三十一天的行程
右上角有天宁寺字样

243

已经逐渐脱离了单纯的饮食需要，而更接近了"饮食制度"的范畴。

无论是南巡途中，还是皇宫禁中，皇帝和御膳房都遵守严格的饮食制度。清代皇室成员每人每天有固定的食材、调料份额，称为"口份"。口份按照宫廷人员的身份排列为倒金字塔型，最上层的皇帝拥有最多的口份，以下阶层人员越多，单人口份越少。口份涵盖日常饮食所需的多种肉类、油、牛乳、水、茶叶等等，可谓包罗万象，无所不备。举例而言，清代皇帝的口份包括：盘肉22斤，汤肉5斤，猪油1斤，羊2只，鸡5只，鸭3只，各种蔬菜，牛乳100斤，玉泉水12罐，乳油1斤，茶叶75包等。皇帝一个人怎么可能在一日之中吃掉这样大分量的食物呢？可见，口份的礼制意义远远大于其实用意义。

尽管膳食记录和口份规定尽显宫廷饮食规格上的奢华，但细细考究，它所用的原料并非特别珍贵，和庞大繁琐的排场相比，甚至可以说"平平无奇"。如上所述，宫廷菜肴原料多是普通的家畜，如猪、羊、鸡、鸭，此外还包括一些水产和时令蔬菜。主食则更是"寻常百姓家"的粳米、高粱、火烧、饽饽、窝头等。即便是一些精制的糕类也并非全然不见于市井之中。有些膳食记录还提到了豆腐汤、炒豆芽、肉丝焖扁豆等市井之食。

皇帝的日常饮食尚不能完全展示宫廷饮食的全貌。真正奢华至极，集礼制、饮食、政治、文化等多种职能于一身的宫廷筵席，才是清宫饮食最华丽的一章。清宫常常在重大年节、国家祭祀、接见外国使节等场合大摆宫廷筵席。以名目论，则有乾清宫家宴、太后圣寿宴、皇后千秋宴、皇子成婚宴、重华宫茶宴以及千叟宴等等数十种；以年节论，则有中秋、冬至、重阳、除夕等诸多时节；以场地论，则有乾清宫、太和殿、

清代宫廷生活器具
其中的金嵌紫檀柄玉顶果叉上装饰"寿"字，推测是为某位帝、后生辰时特制

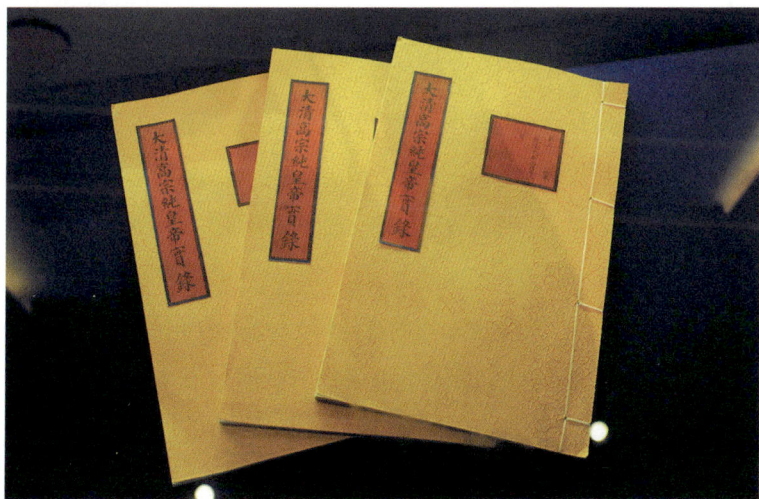

《大清高宗纯皇帝实录》事无巨细地记录了乾隆朝的大事

圆明园、热河避暑行宫等诸多地点。

筵席饮食的品种和类别，依参加人员的身份地位而有所区别。据文献记载，清宫筵席的规矩细致繁琐，从用餐之前准备的餐桌、餐具、桌面摆设到参加人员的身份、入场顺序、座次，再到用餐时的桌面点心、果盒、热膳、冷盘、酒品的数量，均有严格规定。这种规定主要是服务于清朝宫廷的等级制度，如帝、后、妃、嫔有别，亲王、贝勒、贝子有别，外臣、内官、外藩使节有别。不同人员均需按地位和身份入座，以彰显皇帝垂天之统、万物托庇王化、处处和顺有序的统治理想。

清宫元旦大筵是一个典型例子。元旦大筵遵行"朝仪"而不是"家礼"的规矩，属于"国宴"而非皇族的"家宴"。皇帝居于至尊地位，诸后妃和没有受封官爵的成员一律不参与筵席。

至雍正、乾隆年间，这一筵席已经程式化：皇帝要在元旦清晨"谒堂子"，即祭祀祖先的萨满场所，再回宫拜神，然后赴太皇太后、太后处行礼，之后在太和殿升驾受贺，然后才开始赐宴。筵席开始后还有奏乐、群臣依次跪拜行礼等程序，然后上酒、果品、茶等，先奉给御座之上的皇帝，之后按照座位离皇帝远近依次上菜。借助这套"繁文缛节"，皇帝既向天地、祖宗、社稷表示治理功绩，又向海内昭示孝道，最后显示自己至高无上福泽万民的地位。

再以食器为例，清宫之中不同身份的女眷能够使用的食器在形制、材质、颜色、数量上各不相同，在清朝的《国朝宫史》有详细记载。从陶瓷食器的釉色来看，通体黄色的等级最高，仅皇太后和皇后可以使用。其下是外黄内白器，为皇贵妃使用。再往下的贵妃、嫔妃、贵人等，使用的瓷器配色也各不相同。底层的常在、答应，就只能使用一般的杂色瓷器了。

在清朝宫廷筵宴中，若以规模论，无疑绕不开康熙、乾隆两位长寿帝王所举办的千叟宴。千叟宴在清代共举办四次，均在康熙、乾隆年间。康熙五十二年（1713），适值康熙六旬，康熙深感"夙夜冰兢，宵旰靡遑，屈指春秋，年届六旬矣！览自秦汉以下，称帝者一百九十有三，享祚绵长，无如朕之久者"。有鉴于此，为纪念在位日久，天下承平，同时彰显自己年高德劭，康熙决定在畅春园宴请众叟。宴后他还派专人送归乡里，以此来彰显自己的贤名。这年三月，康熙两次在畅春园宴请各省现任、致仕文武大臣，一共请了年满六十五岁的长者2800余人，是为第一次千叟宴。康熙六十一年（1722）正月新春，清廷又召满、蒙八旗，汉军旗诸文武大臣年高者等1000余人参加筵席，是为第二次千叟宴。到了乾隆五十年（1785）和嘉庆元年（1796），乾隆也效仿其祖父，通过举办千叟宴的形式标榜自己尊老爱老的美德。

出于博求敬老美名、彰显自身善德的政治需要，帝王的千叟宴往往规模宏大，极为豪华。乾隆年间的两次千叟宴，在御宴之外摆下额外的八百席，东西两路相对而设，颇能体现注重对称的中国传统审美观念。

座席严格按照等第，分一等桌和次等桌两级，在餐具、膳品上有明显区别。如一等桌每张摆设火锅两个、煺羊肉片一盘、鹿尾烧鹿肉一盘、煺羊肉乌叉一盘、荤菜四碗、蒸食寿意一盘、炉食寿意一盘、螺蛳盒小菜两个、乌木箸两只，另备肉丝烫饭。次等桌上要去除若干菜品。为增加宫廷筵席的气氛，还要摆设各类乐器、礼器、珍贵饰品、丰厚赏物，排场极尽奢华。

今天人们最为津津乐道的清宫筵席当数"满汉全席"。目前所见最

清"甲子万年"字元宝式火锅，现藏于故宫博物院

早关于满汉全席的文字记录是清代李斗的《扬州画舫录》，卷四《新城北录中》记录了一种"满汉席"。满汉全席在雍正朝已具雏形，经乾隆、嘉庆两朝进一步发展完善，在满族传统饮食的基础上，吸取了汉族淮扬菜、鲁菜的特色，建立了较为合理的筵席体系。可以说，满汉全席本身就是地不分南北、人不分内外的民族交流与饮食融合的产物。

清宫档案记载的满汉全席分为"满席"和"汉席"两大类，两大类各分多个小类，总共 108 道菜。其食材涵盖了以海鲜为主的头道，包括燕窝、海参、鲨鱼皮等；以水陆八珍为主的二道，包括熊掌、驼峰等野味山珍；以时鲜肉菜为主的三道等。

满汉全席从来不是单纯的筵席，参加筵席的人员既有满人，也有汉人，还有大量的蒙古人，实际上是一种源于满汉融合，而不止于满汉融合的多民族美食。筵席在保和殿举行，蒙古诸王、贝勒、贝子等参加筵席。陪宴者在乾隆以前只有满州一、二品大臣诸人，嘉庆以后允许汉大臣参与，后来成为惯例。其所用菜品、茶品，既有满菜，又有汉菜。从参加人员看，筵席早已超出了一般的满汉之别，体现了清朝统治者"满汉一家"的民族融合理念。

满汉全席的菜肴随时间变化而有所增减，充分体现了中华饮食博采众长、富于变化的饮食艺术。时至今日，这道宴席依然是中华饮食的集大成者。清朝垮台以后，满汉全席流出宫廷，在大江南北各处开花。其中最著名者当数北海仿膳。1925年，原清宫御厨赵仁斋同其他御厨在北海开设"仿膳茶社"，后发展为饭店。该饭店仿照御膳房的制作方法烹制菜点，其菜谱多从宫廷流出；早期还提供一百余道菜的满汉全席，客人需分四餐才能吃完。这些饮食从民间中来，在九重天游历一番后最终回到民间。

欢度节日享美食

黄昏之后，合家团坐以度岁。酒浆罗列，灯烛辉煌，妇女儿童皆掷骰斗叶以为乐。及亥子之际，天光愈黑，鞭炮益繁，列案焚香，接神下界。和衣少卧，已至来朝，旭日当窗，爆竹在耳，家人叩贺，喜气盈庭。转瞬之间，又逢新岁矣。

京城清冷的冬夜，人们在除夕时欢聚一堂。少者嬉戏，长者酣宴，觥筹交错，欢声笑语。夜色渐深，众人燃放鞭炮与香烛，诚心迎接列祖列宗和各路神仙降临人间，敬望神仙庇佑降福。新年一早，一家老小一起点燃爆竹，共贺新春……这番其乐融融的景象出自清末满族官员富察敦崇所撰的《燕京岁时记》。该书按照时间顺序详尽记载了清代北京一年十二个月的节日习俗，其记载的北京饮食颇为生动，大部分也流传至今。

清代饮食文化蔚为大观，尤为突出者，即是民间宴饮成风，年节饮食多元。清代的节庆习俗历经千年以来的发展，已经极其成熟，其中有很多与今日各地的习俗大同小异。而在中国的各类饮食习俗中，美食小吃有着不可动摇的重要地位。就让我们从除夕与春节开始，沿着先人的叙述，一起感受一下清代的节日饮食。

清朝的年夜饭是一个统称，一般从旧年的年三十吃到新年的正月初五，而不拘泥于某一顿饭。在民国以前农历正月初一不叫春节，而叫元旦。1912 年 1 月 1 日孙中山就职临时大总统，采用公历，将公历 1 月 1 日定为元旦；1914 年袁世凯就将农历正月初一改成了春节。不过在清朝，正月初一还是元旦。尽管民间贫富有别，但过节的氛围同样浓厚。富贵之家的饭桌上通常有各类肉食，如猪肉、鹿肉、鱼肉、鸡肉等，配以各类果品、点心和酒水。一般百姓在除夕时所吃的食物大抵就是面点如元宵、饺子，肉食则是鸡肉、猪肉等。一个宗族的族众也会共同举行有一定规模的宴会，而这种宴会通常和祭祖紧密联系。无论贵族平民，都会煮饺子（煮饽饽）以恭贺新春。《燕京岁时记》记载："是日，无论贫富贵贱，皆以白面作角而食之，谓之煮饽饽，举国皆然，无不同也。富贵之家，暗以金银小锞及宝石等藏之饽饽中，以卜顺利。家人食得者，则终岁大吉。"

正月还有两个重大节日——立春和上元节。活跃于雍正、乾隆年间的官员潘荣陛是一个地道的"老北京"，他的著作《帝京岁时纪胜》是一本更早的北京节令习俗大全。该书记载了清人在立春日的饮食："虽士庶之家，亦必割鸡豚，炊面饼，而杂以生菜、青韭芽、羊角葱，冲和合菜皮，兼生食水红萝卜，名曰咬春。"直到今天，东北、华北地区，人们仍然用香葱、黄瓜、胡萝卜丝等食材制作春饼。以面皮包裹这些食材，再加上炒蛋、肉类一起食用。清人相信这些食物可以祛灾防困。

正月十五日，人们迎来了上元节。在清朝，上元是仅次于元旦、冬

清代卞久《朱茂时祭祖先像》轴，故宫博物院藏

清代天津杨柳青年画《高跷会》

至和万寿节的盛大节日。每逢上元，清宫会举行一系列宴饮和庆祝活动，民间也不例外。彼时的北京城张灯结彩、玉龙飞舞，一派热闹景象。达官显宦和百姓混在一片，难以分辨，香车宝马、高门子弟随处可见。京师整夜明月高照，欢乐达旦。这一天最受欢迎的食物当然是元宵。元宵又称为汤圆、面圆、粉团等，南方多用米粉做成，而北方有用面做的。作为一种广泛流传的吃食，元宵不仅供人食用，而且用来祭祀神仙、祖先，具有沟通彼世的重要作用。

俗话说"二月二，龙抬头"，清人在二月初庆祝"龙头节""春龙节""中和节"等名称不同但意义相近的节日，祈求一年风调雨顺、五谷丰登。北京一带二月初一要吃江米制作的太阳糕，糕点上绘有太阳或金乌图案，用作供品，同时还要吃龙鳞饼、龙须面和一些叫做"薰虫"的油煎糕点。吉林民间二月二家家"多食猪头，啖春饼"。在广大南方地区，二月二还有祭祀土地神的活动，又称社日、祈年。苏州人要喝社酒，吃社饭（拌肉饭），庆祝土地神的生日。湖南邵阳武冈人把香藤熏至干燥后捣碎，和糯米粉调蒸出"社粑"，来奉祀社神。

农历三月有寒食节与清明节。为了纪念祖先，同时受寒食节禁火传统的影响，节日的饮食口味较为清淡。江南地区百姓喜食青团。《随园食单》记载其做法为："抱青草为汁，和粉作糕团，色如碧玉。"口味不甜不腻，清淡悠长。青团大约出现于唐代，不仅是节日食品，还常常作为贡品祭祀先人。历经千年岁月，青团的祭祀功能日益淡化，逐渐转变为时令小吃。百姓常常在清明前几日备好，避免在节日当天生火。糯米粥、麦子粥等在民间非常流行。节日期间，人们常佩戴柳条，以祈求保佑健康，抵御虫毒。《帝京岁时纪胜》记载，北京地区百姓在佩戴柳条之外，还"以柳条穿祭余蒸点，至立夏日油煎与小儿食之"，防止夏季导致的食欲减退。

农历四月初八是庆祝佛祖诞辰的浴佛节。顾名思义，这一日的饮食自然和荤腥无关。清代京师每逢浴佛节，随处可见向路人施茶水盐豆的街边小摊。民间广泛有"舍缘豆"的习俗。一些乐善好施的人一边宣扬佛号，一边将拣选好的数升黄豆煮熟后分发给市井百姓，盼望结下来世之缘。南方人在这一天有做乌饭馈送亲友的风俗，其饭色黑而有光，据传有驱虫辟邪之效果。

五月，人们迎来端午节。这一天家家户户都吃粽子或咸鸭蛋。北京一带的百姓还吃樱桃、桑葚等应季的水果。江南人吃黄鱼或石首鱼来庆祝节日。四川人吃盐蛋、苋菜，并且买来李子互相投掷嬉戏。饮雄黄酒或菖蒲酒等药酒，也是全国通行的做法，因为人们普遍相信此时药酒效力最为优秀，能够防病祛邪。

七月的七夕节和中元节的吃食大多冠以"巧"字。其中以各类面果子最受百姓欢迎。讲述苏州地区民俗的《清嘉录》记载，当地每年七夕节前"市上已卖巧果，有以面白和糖，绾作苎结之形，油氽令脆者，俗呼为苎结"。每逢此节，家人设宴欢聚，共同追思先人。山西地区中元节则习做面人用于祭祖，大同阳高县民谚有云："十五日墓祭，家家送面人。"

八月中秋佳节，人们吃月饼瓜果，饮桂花酒，赏圆月。一般来说，月饼在节前的八月初一上市。北京传统的月饼大多烤制而成，较耐储存。中秋剩下的月饼风干之后，可以放到年底再拿出来全家分吃，称之为"团圆饼"。月饼的馅料五花八门，各有千秋。现在有些人提起五仁月饼可能要皱眉头，但在清朝月饼可是以五仁为美。著名"吃货"袁枚在他的《随园食单》中记载，酥皮的刘方伯月饼"用山东飞面作酥为皮，中用松仁、核桃仁、瓜子仁为细末，微加冰糖和猪油作馅，食之不觉甜，而香松柔腻，迥异寻常"。《红楼梦》里更是有"内造瓜仁油松瓤月饼"。"内造"是宫内制造的意思，说明这种月饼来自皇上赏赐，在贾府上下只有一家之长的贾母才能吃到。

清代皇宫的月饼模具有八种规格，尺寸最大的月饼直径可达半米，用面五公斤，上绘有月宫、蟾蜍、玉兔等图案。民间有时也会制作这种巨型月饼，用于在家庭团聚时祭拜月亮。

清《乾隆帝元宵行乐图》轴，相传为郎世宁所作

清人徐扬《端阳故事图册》之五《悬艾人》，现藏于故宫博物院

清代的月饼模具多为木质，做工精细，花纹繁复美观，多有寓意，各地博物馆均有收藏。在山东青岛，这类模具被称为"饽饽榼（卡）子"，入选了青岛市非物质文化遗产保护名录。

除了各种月饼外，人们还要吃西瓜、苹果、枣、李、葡萄、梨等水果。西瓜是当季的馈赠佳品，一般为全家分吃，取其"圆"之寓意。讲究的家庭还将西瓜雕刻成莲花样，号称"莲瓣西瓜"。肉食也很受人们欢迎。据《帝京岁时纪胜》的作者潘荣陛观察，中秋时节流行的肉食有南炉鸭、烧小猪等，种类繁多。

九月初九重阳节，全国百姓普遍饮重阳酒，吃重阳糕。重阳糕品类繁多，以蒸面、江米、黄米等为主料，用糖、果碎等为馅料或点缀。过重阳节时，人们争相购买糕点，上供祖先或是馈赠亲友。京师的文人还酷爱在这一日饮酒作诗，烤肉分糕。中秋、重阳恰逢秋季，正是蟹肥膏美的季节。太湖、洪泽湖等水网密布的蟹产区，蒸蟹、蟹羹、糟蟹都颇受市井老饕的欢迎。袁枚就喜欢熬制螃蟹羹，原汤化原食，不加调料，但更多的人还是选择添加调料，两种吃法孰优孰劣，则因个人的口味而异。

冬至颇得清人重视，北方素有"冬至馄饨夏至面"之说。清朝的南方人，每逢冬至则制作节令食品，或有米圆，或有米粽，或有糍粑，或有糯饼饭饵，看过去琳琅满目，也足以让人满腹。到了年末的腊八节，大江南北流行吃腊八粥。过了腊八，就差不多该迎接新年了，如此循环往复，周而复始。

清代的节庆美食也有深深的民族烙印。入关后的满族受汉族习俗的影响较深，年节和习俗已大为汉化，但还保留了些许民族色彩。满族人腊八后过年前家家都会宰猪，称为"杀年猪"，这是延续入关前在东北的生活传统。二月初的"中和节"或"春龙节"也是满族人的"吃肉节"，家族中的族长在祭祀后把祭祀用的白切猪肉分赐给大家，象征有福同享。

岁月轮转，人间更替，人们不断在传统的节庆饮食中推陈出新，传递积极生活的态度。不断嬗变的节庆饮食在清代达到前所未有的高峰，最终传承至今。众多传统节日之所以能够历经两千多年长盛不衰，节日的习俗及饮食活动具有不可忽视的作用。不仅仅在高雅的博物馆中，在餐桌上，在小吃铺子里亦有传统文化生生不息的传承。

清代月饼模子

清乾隆粉彩像生瓷果品盘

地方菜系的成熟

当今中国的饮食圈，八大菜系自成一格，共分天下。这八大菜系早在清代以前便已经有了雏形，在清代臻于完善。由于清朝政权的巩固、地方经济的繁荣，具有鲜明地域风味的食材得到深度开发，为人熟知的川、鲁、淮（扬）、粤四大菜系（顺序不分先后）因此成形，在四大菜系的基础上人们又总结出所谓八大菜系乃至十大菜系。清末民初的《清稗类钞》鸟瞰了各地的菜肴，说："有特色者，为京师、山东、四川、广东、福建、江宁、苏州、镇江、扬州、淮安。"

川菜发源于四川、重庆一带，该地区物产丰富，经济繁荣，素称天府沃野。川菜既包含了巴蜀先民的饮食特点，又融合了南下的关中秦人的饮食文化。在汉代，它又和生活在川西北的诸羌带来的河湟风味发生交融，在唐宋时期便有了鲜明的特点。如前文所述，宋代已有"川饭"的说法。到了清朝，川菜已经是驰名南北的大菜系，发展出了众多的流派。四川内部，有成都一带的上河帮，自贡一带的盐帮，又称小河帮。重庆一带则流行水煮为特点的江湖菜，在全国范围内又发展出了海派川菜、京派川菜等众多分支。川菜除了在民间流行，在宫廷之中也占有一席之地，向来流传着清宫八大御制川菜的说法。

川菜极为擅长使用香辛料，这和当地居民长期生活的自然地理条件有重要的关系。四川盆地海拔较低，云深雾重，空气湿度大。自辣椒传入中国后，四川人民很快发现辣椒和花椒搭配使用具有相当不错的祛湿效果。加之辣椒和花椒能给人带来味觉上的强烈刺激，故而深受巴蜀人钟爱，形成了川菜泼辣滚烫的特点。清代川菜味道复杂多变，种类丰富，拥有麻辣、酸辣、鱼香、荔枝、豆瓣等口味，号称"一菜一格，百菜百味"。川菜发展出了繁多的烹饪手法以对应众多的食材。乾隆年间，四川人李化楠撰写的《醒园录》记载的烹饪方法就有炒、煎、烧、炸、卤、熏、泡、蒸、溜、煨、煮、焖、爆、炝、炖、煸、烩、糟等数十种之多。

鲁菜发源于山东，继承发扬了齐鲁饮食传统和孔府菜，在华北地区与黄河流域声名极高。清朝的鲁菜内部又分化出各有风味的小菜系，主要分为济南菜与胶东菜，前者清香与重油并存，后者则以海鲜见长。曲阜的孔府菜则独立于二者之外，是著名的贵族公府菜，以鲁菜为基础，又融入了江南风味。明末清初，山东人涌入北京从事餐饮业，一些小店后来发展成"堂"字号、"居"字号的大饭庄，成为日后京菜的重要来源。

鲁菜整体讲求庄重大方，善用燕窝、鱼翅、鲍鱼、海参、鹿肉等高档食料。作为北方风味菜的代表，鲁菜成功进入京城，并进入宫廷成为明清时期御膳的支柱。抓炒鱼片、抓炒里脊、抓炒腰花、抓炒大虾等四道菜号称"宫廷四大抓"。葱烧海参、九转大肠等更是达官贵人才能享用的专属名菜。现有记载的孔府菜多达一百七十种，其中鸡鸭类最多，有四十三种。不少孔府菜的命名，如"一卵孵双凤""雪里藏珠""炒金钩"等，十分优雅而具有创意。这些名贵菜肴，也有许多进入御膳房或地方官的厨房里，反映了当时孔府的社会地位以及清廷对孔府的重视。

　　淮扬菜发源于淮安、扬州一带。清代扬州作为京杭大运河的漕运中心，地通南北，市场极为繁荣，所以这一菜系并不局限于扬州，而是以扬州为中心，扩散到江苏和浙江等东南沿海地区，北达淮河一带。淮扬菜注重食材的原汁原味，讲究淡而不薄，擅长烹制活鲜，其蟹黄狮子头、清蒸鲥鱼、西湖醋鱼、鲜藕肉夹无一不是时鲜制作的高难度菜肴。从外观和味道两方面考量，淮扬菜也是高档宴会中常见的菜肴，深受皇家和达官贵人的喜爱。

　　清朝淮扬菜内部，又形成了江宁、苏州、扬州等风味。其中江宁菜擅长炖、焖、烤，盛行使用鸭肉和鹅肉，如今日南京盛行的金陵烤鸭等菜肴就是代表。苏州菜则口味偏甜，擅长炖、焖、余。其代表菜为松鼠鲥鱼，大酸大甜，制作难度极高，一直是苏州松鹤楼的镇店绝活。扬州菜注重美观，刀法精细，造型生动，宛如活物，食材大多从江南本地取用，如马蹄、竹笋、菌菇，肉类有草鱼、螃蟹、青虾、猪肉等。做法上偏爱焖煮、清烧等技法，其代表即为清炖狮子头。曹雪芹出生在南京，其曾祖父曹玺、祖父曹寅都曾长期在江淮地区任职，因此《红楼梦》中就记载了不少淮菜名菜，如清蒸鸭子、笼蒸螃蟹、炸鹌鹑、燕窝粥之类。

　　淮扬菜在种类繁多的正餐之外，还发展出了独具一格的众多小吃，其米制糕点可谓独步天下。清代中期最负盛名的当数仪征真州南门外萧美人，她制作的糕点小巧玲珑，在当时有"价比黄金"之誉，被袁枚列入《随园食单》传世至今。随着淮扬菜进入北京和其他地区，它也接受了全国各地的饮食习惯。清代扬州盛行仿办满汉全席。扬州又多徽商，在厨艺方面多受徽菜影响。清中叶时，扬州叶子面传到四川成都，而四川的回锅肉也同时传到了扬州。经过长期的交流融合，淮扬菜最终形成甜咸适中、南北咸宜的独特风味。

粤菜来自广东，以广府菜为代表，包括潮州菜与客家菜。珠江三角洲水土肥沃，物产富饶，加之五岭的阻绝，因此形成了独特的文化传统和饮食习惯。广州是历史上繁华的贸易港口，也是岭南地区的文化、经济、政治中心。在乾隆皇帝制定广州一口通商政策以后，这里成了全国唯一可以向南洋和西方开放的贸易中心。《广东新语》说："计天下所有之食货，东粤几尽有之；东粤之所有食货，天下未必尽有之也。"粤菜因此得以发展起来，并且在长期对外交流的过程中，吸收了异域，尤其是南洋一带的烹饪特点，逐渐自成一家，雄踞华南。

整体而言粤菜和中原大地的菜系在食材选择上相当不同。由于海洋贸易发达，粤菜养成了兼收并蓄、包罗万象的特色，收料广博，尤其追求海鲜和山间野味，偏爱一些"下脚料"，如猪生肠、牛下水等。清代《羊城竹枝词》云"斫脍烹鲜说潖珠，风流裙屐日无虚。消寒最是围炉好，买尽桥边百尾鱼"，道尽了清代粤菜用料广泛而偏爱河海两鲜的特点。

在调味和技法上，粤菜主张从食物本身来提取味道，但也为中华饮食贡献了一种重要的调料，那就是蚝油。据传，光绪十四年（1888），佛山人李锦裳在熬煮生蚝时不慎煮干了锅底的蚝汁，结果反而得到一种鲜美无比的液体，即后来的蚝油。此后他开始专门生产这种调料，并逐渐推广到广东各地及海外华人社区，由此奠定了蚝油在美食江湖中的地位。在技法上，粤菜重视清炖、白灼、滑炒、盐焗等技法，素来讲求食材本味，追求清淡适口。但和淮扬菜不同，它很注重盐的使用。白切鸡、盐焗鸡等名菜的制作都有很高的用盐水平。种种调味技法，使得清

英国摄影家约翰·汤姆逊拍摄的粤式茶楼

朝的粤菜清而不淡，鲜而不俗。客人在大饱口福、见识珍奇的同时，又可以感受广东菜系讲究食疗、祛湿滋补的特点。

除了上述四大菜系外，清代还流行京菜、沪菜、浙菜、闽菜、徽菜、湘菜等地方菜系。这些菜系各有特点，和四大菜系共同组成了清朝重要的地域菜系格局。菜系的出现是中国各地饮食文化的结晶，也是各地经济发展的结果。各地菜系经过饮食从业者的不断创新而成熟，经过食客的持续挑剔而升华，经过旅人和商帮的扩散而传播。时至今日，各个菜系依然不断推陈出新，发扬自身长处，和其他菜系交流互鉴，给中国人民的餐桌带来更加多元的饮食选择。

美食思想的发展

有清一代，众多文学家、艺术家、思想家对饮食生活极为关注，颇有心得。他们的饮食思想中，不光有传统的餐桌美食，还包含处世哲学、养生之法。清朝的美食思想就像毛细血管一样，渗透到中国饮食的每一个角落，为其输送新的养分和动力，同时连接八方，展现了那个时代独特的气质风貌。

专门的饮食、食疗养生著作的出现，美食评论家的涌现，都是清代饮食文化活动走向成熟的重要标志。现存的清代美食文献多如牛毛，其中著名的有顾仲编著的《养小录》、考据学者朱彝尊的《食宪鸿秘》、佚名作者的《调鼎集》、李化楠的《醒园录》、曾懿的《中馈录》等。其中最具代表性的，自然是李渔的《闲情偶寄》和袁枚的《随园食单》。

李渔是浙江兰溪人，生活在明末清初，入清后不仕，长居宁、杭两地，创作戏剧和小说，有《奈何天》《凰求凤》和《无声戏》等名作，又办印书馆和书店，是一位成功的商人。李氏所著《闲情偶寄》是一部专门讲述饮食、玩好、园艺等方面的著作，约成书于康熙十年（1671）。其中的"饮馔部"较为全面地反映了李渔的饮食观与饮食美学思想。该部共分为"蔬食""谷食""肉食"及附录"不载果食茶酒说"四部分，介绍了各种食材的食性、烹饪技法与食用之趣。附录则体现了李渔喜欢

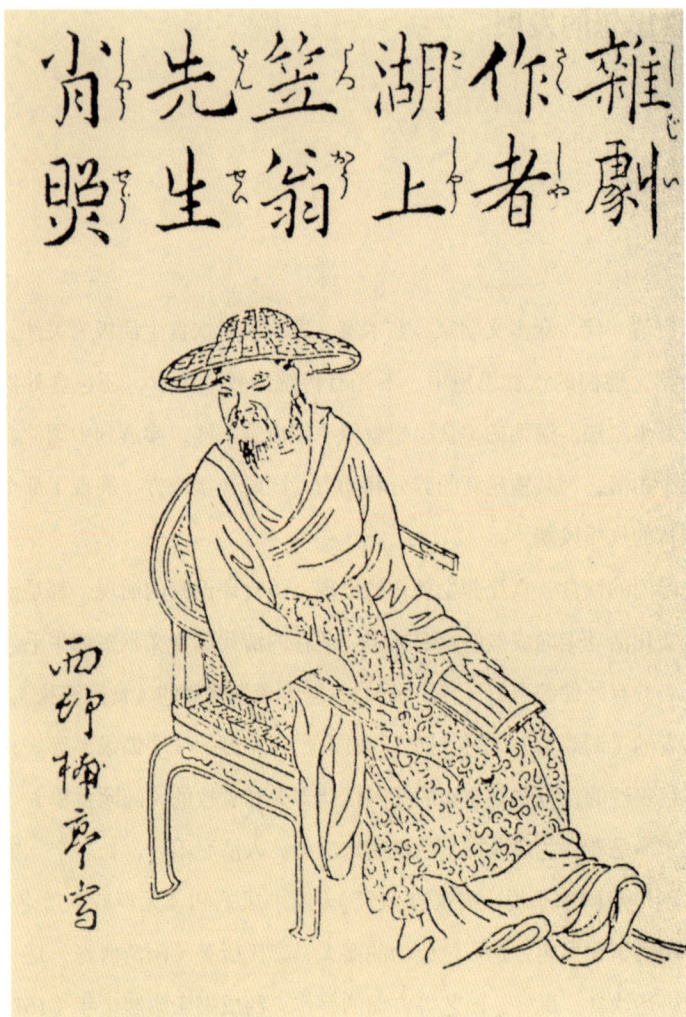

雜劇作者湖上笠翁先生肖照

西邨楠亭寫

日本《唐土奇谈》中的李渔画像
上有题字"杂剧作者湖上笠翁先生肖照"
李渔在江户时代的日本颇受欢迎，地位甚高

十三女弟子楼湖请业图（局部）

茶、果，不喜饮酒的饮食习惯。

李渔饮食审美的核心是自然："吾谓饮食之道，脍不如肉，肉不如蔬，亦以其渐近自然也。"无论饮食还是务农，都需要按照天数而动，如此才能顺应自然，健康发展。李渔提出饮食若要有审美情趣，首当其冲的重点是"鲜"，采收顺应天时则食菜鲜美，烹饪得法从而保留本味。在制作菜肴时，为确保鲜味不损耗，则需"净"，注重干净卫生，是谓"摘之务鲜，洗之务净"。

李渔自称信从儒学，在儒者追求的"道"这一层面，他主张在饮食中寻求返璞归真。要做到这一点，就要戒除形式浮华和食量过度的恶习："多食一物，多受一物之损伤；少静一时，少安一时之淡泊。其疾病之生，死亡之速，皆饮食太繁，嗜欲过度之所致也。"他告诫人们如果想要爱惜生命，应当合理控制饮食结构与食量，避免为饮食所害。

和李渔相比，活跃在百年后的袁枚对美食的关注则更加具体、精细。袁枚少年得志，年方廿四就中了进士，曾任溧水等地知县。但中年退隐南京随园，从事投资和理财；同时写诗著文，研究美食。其著作《随园食单》初版于乾隆五十七年（1792），在清代即广受追捧，多次再版。《随园食单》共分四卷、十四单，阐释了饮食与烹饪的诸多理论，并对烹饪技法、食物选材、养生之道多有论述。书中详细记述了三百余种南北菜肴和多种美酒名茶，对于食性的描述生动活泼、趣味盎然，令人颇觉新鲜。

袁枚认为饮食殊非易事，需要谨慎对待，以"学问之道"虚心学习方能有所成就，这就将饮食提升到了一个新高度。同时，袁枚专门用《须知单》和《戒单》告诫读者烹饪与饮食的可与不可，显示出这一时期饮食行业的高标准严要求，反映了袁枚对于饮食之道的精益求精。袁枚在李渔的基础上，用更长的篇幅讨论和总结清中期的烹饪技法和诀窍，从红案的煎、炸、焖、煮、烤、蒸到白案的面点制作，从茶道到酒道，从大菜到小吃点心，形形色色无所不包。在烹饪技法之外，袁枚更加关注食物搭配的营养指导，提出了戒虚名、戒贪多、戒纵酒、强身体、遵节气的营养保健之道，发展出集技艺、文化、养生于一体的饮食哲学。

后记

  这本小书的灵感来自另一本书:《中国文化中的饮食》。它由我的导师的导师、著名美籍华裔考古学家和人类学家张光直教授主编,几位执笔人都是当年的才俊,如今的大咖。阅读这本书时,我如醍醐灌顶。饮食并不只是维系人类生命的物质,还是维系人类政治和礼仪的纽带,更是历史传承和地域文化的镜像。

  "食色,性也",饮食和繁衍是社会发展的头等大事。但所谓"仓廪实而知礼节,衣食足而知荣辱",饮食不仅是人类生存的基本需求,更是文化、社会、经济的重要载体。在祭祀活动中,食物是后代与祖先沟通的重要媒介;在家庭生活中,饮食是家庭成员享受天伦之乐的重要方式;在政治生活中,宴席是君王彰显权威、笼络人心的重要场合。

  《中国文化中的饮食》初版于 1977 年。彼时的西方学界已经摆脱了欧洲中心论视野下的中国历史停滞论、全球史观视野下的中国历史连续论和中国历史循环论,开始关注中国历史本身。这本书利用史料和有限的考古学资料,分先秦、汉代、唐代、宋代等大时段,论述了饮食、礼仪规则、食药观念等主题。这种研究方式不仅可以帮助我们理解中国文化的多样性，还能揭示饮食行为与社会生活之间的复杂关系。我的小书正是沿着这个思路，利用极大丰富的考古学资料来重建中国的万年饮食史。

20世纪初以来，我国考古学界一直关注文化谱系、中华文明起源、文化交流以及科技史等宏大叙事，这些研究的确为理清历史提供了主要框架，就如同人体的动脉和静脉；饮食研究看似细微，却同样重要，就犹如人体的毛细血管。近年来，历史学研究的方向逐渐发生了转变，学者们写了越来越多关于中国饮食史的著作。不过这些著作中重典籍、轻考古资料的现象仍然比较严重。

从事饮食史研究，是绝对不可以忽视考古资料的。虽然饮食遗物大多为有机物，难以抵抗时间的流逝，但类似长沙马王堆汉墓那样保存完好的墓葬在湖南、湖北、江苏、新疆等地已经发现了不少，它们出土了酒和食物的实体材料（如点心、饺子、面条和茶叶）以及记载食物的遣策；动物骨骼、炭化种子和植硅石在考古发掘中出土得更为普遍；现在的科技如碳氮同位素也可以让我们通过人骨了解先民的食谱。此外，先民饮食所用的各类陶瓷器具和砖石上的古代庖厨图像也为我们提供了重要的研究资料。

回望过去，我已经在考古行业耕耘了三十余载。我像一个学术牧民，从大学毕业后的商周考古，转向俄罗斯考古，又转向中国西北和伊朗考古，转眼就步入了中年。在这个新媒体兴起的时代，各种知识走出了象牙塔，走出了少数人拥有的课堂和书斋，如甘霖润土一样走向公众，而公众也热切地欢迎这些汹涌而来的各种知识。我惊讶地发现，社会公众对于历史、考古和美食竟然有着无法遏制的好奇心和求知欲。

于是我有了新的身份——美食探店视频博主，通过短视频平台来向大家讲述美食，讲述美食背后的历史和考古知识，挖掘一座城市的历史底蕴，认识一个区域的文化传统。

之所以选择美食这个主题，原因有两个：一是在考古学领域，许多我们如今视为理所当然的美食，实际上都蕴含着悠久的历史渊源；二是美食像水中的鱼群一样，游弋在遗址、文物、城市、人文故事的海洋里。借助美食，我可以把历史和考古知识讲得更有意思一些。

仔细想来，短视频是一种保存史料的重要方式。所谓"早起开门七件事，柴米油盐酱醋茶"，饮食是我们日常生活的第一要务。但是关于古代老百姓的日常生活，在传统文献和考古发现中并不多见，正史记载的大多是王侯将相、王朝兴替等大事，关于古代老百姓的酸甜苦辣，能够依赖的史料与考古资料却不多。今天大家耳熟能详的美食如南京烤鸭、涮羊肉，其渊源并不容易追溯。

而短视频的出现，却可以让普通老百姓用手机随时记录自己的日常生活、分享自己的喜怒哀乐，这不仅满足了精神需求，也保存了海量的史料，使未来的历史学家有足够的资料来了解我们这个时代平凡人的美食、厨艺和烟火气。我们在探店时，经常去的是路边摊、苍蝇店，目的是记录平凡的历史。

我决定制作短视频后，先从自己所在的南京入手，选择历史悠久、口碑极佳的小摊小店，一边品尝美食，一边讲解这些食材的源流、制作方法以及背后的历史文化。我曾经走进一家京华汤包店，点上一笼汤包。薄如蝉翼的外皮，包裹着鲜美的汤汁和嫩滑的肉馅，轻轻咬开一个小口，热气腾腾的汤汁涌入口中，再咬上一口，肉馅的鲜香与汤汁的醇厚完美融合，瞬间唤醒了味蕾。而这家汤包店的老板为了让小区的居民能每天吃上汤包，几十年如一日坚持营业。这意味着他不让自己生病，也推掉了所有应酬。我还去过一家路边的馄饨铺，简朴的小摊上，摊主熟练地包好馄饨，放到柴火上煮熟。在当今的城市和乡村，人们早已用上了天然气或煤气，也忘了过去的柴火。而这家馄饨店可以让我们短暂地重温过去，柴火噼啪作响，水汽升腾，出锅的馄饨皮薄馅大，汤汁清澈，香气扑鼻而来。这种接地气的美食保存了南京这座城市的温暖与质朴。

在创作美食短视频的过程中，我去过很多城市：北京、赣州、吐鲁番、西安、邯郸等，吃到了北京烤鸭、黄元米果、三杯鸡、大盘鸡、羊肉泡馍、骨酥鱼、烤肉……通过美食发现了城市的温度和厚度。

在西安这座十三朝古都，饮食的历史积淀得到了完美的诠释。一碗羊肉泡馍，掰碎的馍块、炖煮得软烂的羊肉与浓郁的高汤完美融合，醇香浓郁，触及灵魂，这不仅是味觉的享受，更是西安饮食文化的历史见证。古代的秦、陇之地，草肥水美，适合牛羊生长，人们就有吃牛羊肉的习俗。水盆羊肉是由商周时期的"羊臐"演变而来的，秦汉时叫"羊肉臐"，唐宋时叫"山煮羊"，到了清朝慈禧太后赐名"美而美"。一碗羊肉泡馍里，蕴藏了西安文化的演变与发展。

美食考古还是一个有待开发的研究领域，我现在正和自己的研究生着手开发。未来我想继续发掘其他城市以及其他国家的美食，通过短视频的形式，将这些美食背后的城市历史和文化传统分享给更多的人，引起更广泛的兴趣。希望我们能在食物的香气中感受到历史的温度，共同守护珍贵的文化遗产。这也是我作为美食博主的初心。

我是张良仁，带你用味蕾感受历史。

吃的中国史
CHI DE ZHONGGUOSHI

图书在版编目（CIP）数据

吃的中国史 / 张良仁著 . -- 桂林 : 广西师范大学
出版社，2025. 4. -- ISBN 978-7-5598-8011-6

Ⅰ. TS971. 202

中国国家版本馆 CIP 数据核字第 202557UK14 号

广西师范大学出版社出版发行

广西桂林市五里店路 9 号　邮政编码：541004
网址：http://www.bbtpress.com

出　版　人：黄轩庄

责任编辑：吴赛赛

助理编辑：孟睿哲

装帧设计：尚燕平

内文制作：张　佳

全国新华书店经销

发行热线：010-64284815

北京盛通印刷股份有限公司印刷

北京市经济技术开发区经海三路 18 号　邮编：100023

开本：880mm×1230mm　1/32

印张：9　图：111 幅　字数：190 千

2025 年 4 月第 1 版　2025 年 4 月第 1 次印刷

定价：68.00 元

如发现印装质量问题，影响阅读，请与出版社发行部门联系调换。